理工科电子信息类DIY系列丛书

微型计算机原理及应用实验指导

邹丽新　陈　蕾　邱国平　周　江　编著

苏州大学出版社

图书在版编目(CIP)数据

微型计算机原理及应用实验指导/邹丽新等编著.
苏州：苏州大学出版社，2006.11(2014.6重印)
(理工科电子信息类DIY系列丛书)
ISBN 978-7-81090-779-8

Ⅰ.微… Ⅱ.邹… Ⅲ.微型计算机-高等学校-教学参考资料 Ⅳ.TP36

中国版本图书馆CIP数据核字(2006)第149307号

内 容 简 介

本书是理工科电子信息类DIY系列丛书中的一本。全书以80X系列微机系统和MCS-51系列单片微型计算机的教学内容为主线，分软件和硬件两大部分，共八章，介绍了28个实验。每个实验都分为基础篇和提高篇，相对独立，内容由浅入深，涉及的面较宽，且相对独立，所以不仅适用于本科、大专、职教、成教等各种层次的学生，还可作为从事微机技术工作的工程技术人员的参考书。

微型计算机原理及应用实验指导
邹丽新　陈　蕾　邱国平　周　江　编著
责任编辑　苏　秦

苏州大学出版社出版发行
(地址：苏州市十梓街1号　邮编：215006)
常熟高专印刷有限公司印装
(地址：常熟市元和路98号　邮编：215500)

开本 787mm×1092mm　1/16　印张 12　字数 300千
2006年11月第1版　2014年6月第2次印刷
ISBN 978-7-81090-779-8　定价：29.00元

苏州大学版图书若有印装错误，本社负责调换
苏州大学出版社营销部　电话：0512-65225020
苏州大学出版社网址　http://www.sudapress.com

电工电子实验教材编委会

主　编：胡仁杰

副主编：赵鹤鸣　汪一鸣

编　委：赵德安　仲嘉霖　杨季文　翁桂荣

　　　　邹丽新　徐大诚　周　江

序　言

为了进一步加强高等学校综合实力，整合和共享教学资源，充分发挥理工科专业实验实践教学环节对于创新型人才培养的重要作用，从根本上提高本科教学的质量，提高大学生继续深造及创业就业的竞争力，近年来，各大学纷纷建立面向全校甚至所在城市的校级实验教学中心。实验中心的建立，统一和规范了实验仪器配备、实验教学要求，加强了实验教学的人才和梯队建设。

实验教学质量的提高，也离不开实验教材的建设。在苏州大学出版社的大力支持下，苏州大学电工电子实验教学中心学术委员会聘请校内外专家，成立了电工电子实验教材编委会，将陆续组织出版一套理工科电子信息类 DIY 系列丛书。这套丛书包括《数字电子技术实验指导》、《电子线路实验指导》、《硬件描述语言实验指导》、《电路与信号系统实验指导》、《微型计算机原理及应用实验指导》、《电工电子技术基础实验指导》等共六本。丛书将着力考虑符合实验教学大纲的要求，同时对不同专业留有充分的选择余地，可以灵活组合。希望丛书的出版能够改变实验教学不够规范，随意性较大，相同的课程分散在多处做实验，要求不同、过程不同、设备不一的现状。

编委会将在丛书出版之后，广泛听取各方面的反映和意见，不断完善丛书的内容，提高丛书的学术水平和质量，更好地满足高等学校电工电子类实验教学的需求。

电工电子实验教材编委会

2004.6

前 言

微型计算机原理及应用课程是高等院校电子信息、通信工程、自动控制、机电一体化、测控技术与仪器等专业的重要专业基础课。近年来随着计算机技术运用进程的不断加快，微型计算机原理及应用课程更加受到重视。本课程包括两个方面内容，一是微型计算机原理课程，它主要学习以80X系列CPU组成的微机系统；二是单片微型计算机原理与接口技术，目前国内多数院校采用MCS-51系列单片微型计算机作为分析讨论的对象。前者主要侧重于微机系统的结构与组成，以及汇编语言的特点与编程方法等内容；而后者除了介绍单片微型计算机的结构与组成，更侧重于介绍用单片微型计算机组成的一个实际应用系统。两部分内容融会贯通，相互补充。通过这两部分内容的学习使学生较好地掌握了微型计算机原理、微型计算机的硬件结构及汇编程序设计方法。本课程在进行课堂教学的同时必须结合实验教学，这样才能取得较好的教学效果。基于这样的教学思想，我们在总结了多年教学经验，特别是实验教学经验的基础上编写了这本书。

本教材分为软件和硬件两大部分，共八章和五个附录。第一章为8086/8088微型计算机汇编语言程序设计，要求学生掌握8086/8088系列微型计算机汇编语言源程序的编写和编辑，以及汇编、调试等上机过程，通过实验掌握算术运算、逻辑运算、条件转移、循环操作、子程序调用等编程方法。第二章为MCS-51单片微型计算机汇编语言程序设计，要求学生掌握MCS-51单片微型计算机汇编语言程序的结构、设计与调试过程，熟悉集成开发环境，并掌握用MCS-51单片微型计算机汇编语言程序设计的方法进行程序设计。第三章为MCS-51单片微型计算机基本输入/输出接口实验，要求学生掌握包括LED发光管的显示接口、开关量的读取方法，用扫描法进行键识别的方法。第四章为MCS-51单片微型计算机的显示接口实验，要求学生掌握LED数码块显示接口的应用、点阵LED显示器的应用、笔段式LCD显示接口的应用、点阵字符式LCD显示接口的应用、点阵图形式LCD显示接口的应用。第五章为MCS-51单片微型计算机的驱动接口实验，要求学生掌握混合式步进电机驱动的硬件接口和编程方法、“H”型驱动接口驱动直流电机的硬件接口和编程方法、单片微机打印机的硬件接口和字符式打印的编程方法。第六章为MCS-51单片微型计算机的A/D和D/A接口实验，要求学生掌握逐次逼近型A/D转换器0809与单片微型计算机的接口技术、双积分型A/D转换器MC14433与单片微型计算机的硬件接口方式及编程方法、D/A转换器0832与单片微型计算机的硬件接口技术及编程方法。第七章为MCS-51单片微型计算机的定时器/计数器应用实验，要求学生掌握单片微型计算机的定时器/计数器工作原理，并运用定时器/计数器设计一个电脑时钟。掌握时钟芯片DS12C887的基本原理、与单片微机的硬件接口以及编程方法。第八章为单片微型计算机的综合实验，共介绍了三个综合性实验，这些实验基本上已构成了一个完整的单片微机应用系统，具有一定的综合性和复杂程度，完成这些实验需要较多的时间，要求学生较为全面地掌握单片微机的知识。这些实验培养了学生综合应用单片微机技术的能力。附录介绍了常用的编程工具及指令表。

本书具有如下特点：

1. 将80X系列微机与MCS-51系列单片微机的实验合在一起介绍，有利于学生能更好地掌握这两个微机系统的区别与联系。

2. 针对目前微型计算机技术实际使用的状况，即以80X系列为代表的微机主要偏重于软件设计应用，而单片微机则侧重于系统的硬件设计，本书的实验也作了相应的安排，80X系列微机系统全部是软件实验，而MCS-51单片微机则主要介绍了硬件实验。

3. 考虑到目前的实验仿真系统种类繁多，特别是MCS-51单片微机的实验系统，本书所介绍的实验对实验系统没作要求，因此适用面较宽，这样有利于实验的灵活安排。

4. 为了培养学生分析问题和解决问题的能力，使学生的程序设计能力得到提高，部分实验并没有提供完整的软件，而只是提供了程序流程图和关键的程序段。

5. 本书中的每一个实验都独立成篇，与课堂理论教学采用何种教材无关。

在本书编写期间各兄弟院校的老师提出了不少宝贵意见和建议，在此一并致以衷心的谢意。

由于编者水平有限，时间仓促，错误、遗漏和不妥之处在所难免，敬请各位读者批评指正。

编　者

2006.7

Contents 目录

第一篇　软　　件

第一章　8086/8088 微型计算机汇编语言程序设计

实验 1.1　汇编语言程序的编辑、调试

【基础篇】

一、实验目的

1. 学习并掌握 8086/8088 系列微型计算机汇编语言源程序的编写和编辑过程。
2. 学习并掌握对汇编语言源程序进行汇编和连接,最后产生可执行文件的操作过程。
3. 学习 DEBUG 调试程序的各种命令和使用,掌握对可执行程序进行调试的基本方法。

二、实验原理

1. 汇编语言源程序的编辑和修改。

汇编语言是一种符号语言,它用助记符来表示指令的操作码,用符号或符号地址来表示指令的操作数或操作数地址。汇编语言指令与由二进制码构成的机器语言指令是一一对应的,它们都是面向机器的语言。汇编语言指令比机器语言指令使用起来要方便得多,比较容易记忆和书写;但汇编语言程序必须翻译成机器语言后才能在机器上运行,我们把这种翻译称为"汇编",使用的汇编工具是汇编程序。

用户根据实际问题用汇编语言编写的程序称为汇编语言源程序,汇编语言除了各种操作指令以外,还有许多伪指令和宏指令。伪指令在汇编时不能被翻译成机器指令,它不像一般指令那样是在程序运行期间由计算机来执行的,而是在汇编程序对源程序汇编期间由汇编程序处理的,它们主要用于数据定义、分配存储区、指示程序的开始与结束等。

先看一个乘法运算的程序:设有两个无符号数双字变量 DATAX 和 DATAY,编写程序计算这两个数相乘后的结果。

解题方案:

这是一个双字相乘的问题,但是 8086/8088 CPU 的字长为 16 位,内部所有寄存器都是 16 位的,因而单条指令能处理的操作数最大长度为 16 位。所以要实现双字相乘,必须分步

进行，也就是根据十进制多位数相乘的原理，用先将低位字和高位字分别相乘，再将分部积相加的方法实现运算过程。

例如，两个2位十进制数A和B相乘，其中$A = A_1A_0$，$B = B_1B_0$，乘积为C，运算过程如下：

$$
\begin{array}{rrrr}
 & & A_1 & A_0 \\
 & \times & B_1 & B_0 \\
\hline
 & & C_{11} & C_{10} \\
 & C_{21} & C_{20} & \\
 & C_{31} & C_{30} & \\
+\ C_{41} & C_{40} & & \\
\hline
C_3 & C_2 & C_1 & C_0
\end{array}
$$

其中：

$A_0 \times B_0 = C_{11}C_{10}$

$A_1 \times B_0 = C_{21}C_{20}$

$A_0 \times B_1 = C_{31}C_{30}$

$A_1 \times B_1 = C_{41}C_{40}$

$C_3C_2C_1C_0$为4位数的积。

从上面十进制数相乘结果可知，两个2位数相乘，积可能是4位数，$C = C_3C_2C_1C_0$。同理，在计算机内部，两个双字相乘，积可能是4字长的。

根据这一原理，我们将两个双字按它们存放的地址分别表示为DATAX、DATAX+2和DATAY、DATAY+2，乘积的高位字至低位字依次为S3、S2、S1、S0。编制流程图如图1-1所示。

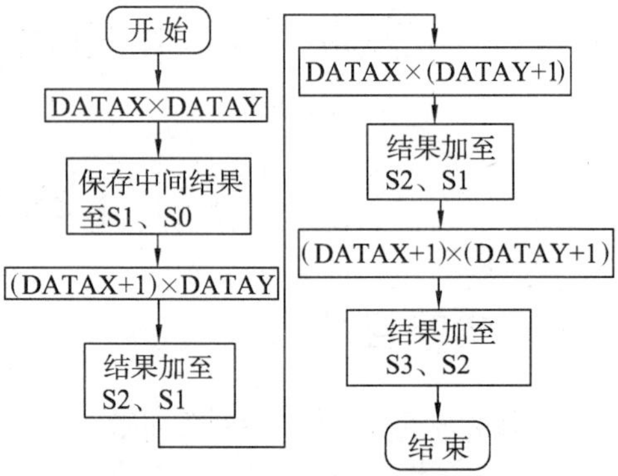

图1-1　两个双字相乘的流程图

根据乘法运算指令的使用规则，字操作的乘法运算时，其中一个操作数必须在AX寄存器中，乘积为双字，且积的高位字和低位字分别在DX和AX寄存器中。在分部积的相加过程中，还必须要考虑低位向高位的进位问题。

根据流程图，编制完整的汇编语言源程序如下：

```
DATA   SEGMENT
       DATAX   DW   0148H
               DW   2316H
       DATAY   DW   0237H
               DW   4052H
       S0      DW   0           ;定义4个用于存放结果的字变量,并且这4个变量的值均为0
       S1      DW   0
       S2      DW   0
       S3      DW   0
DATA   ENDS                     ;数据段结束
CODE   SEGMENT                  ;定义代码段
     ASSUME    CS:CODE,DS:DATA
START: MOV     AX,DATA          ;设定数据段首地址
       MOV     DS,AX
       MOV     AX,DATAX         ;第一个操作数低位字送累加器AX
```

```
        MUL     DATAY           ;(AX)与第二个字的低位字相乘
        MOV     S0,AX           ;积的低位字保存至 S0 单元
        MOV     S1,DX           ;积的高位字保存至 S1 单元
        MOV     AX,DATAX+2      ;第一个操作数高位字送累加器 AX
        MUL     DATAY           ;(AX)与第二个字的低位字相乘
        ADD     S1,AX           ;积的低位字加至 S1 单元
        ADC     S2,DX           ;积的高位字加至 S2 单元(带进位加)
        MOV     AX,DATAX        ;第一个操作数低位字送累加器 AX
        MUL     DATAY+2         ;(AX)与第二个字的高位字相乘
        ADD     S1,AX           ;积的低位字加至 S1 单元
        ADC     S2,DX           ;积的高位字加至 S2 单元(带进位加)
        MOV     AX,DATAX+2      ;第一个操作数高位字送累加器 AX
        MUL     DATAY+2         ;(AX)与第二个字的高位字相乘
        ADD     S2,AX           ;积的低位字加至 S2 单元
        ADC     S3,DX           ;积的高位字加至 S3 单元(带进位加)
        HLT                     ;停机
CODE    ENDS                    ;代码段结束
        END     START
```

汇编语言源程序的建立、编辑和修改：

建立和编辑汇编语言源程序，可以用各种行编辑软件和文本编辑软件，如 Wordstar、Edlin、Editor、记事本、写字板等。无论用哪种编辑软件，所建立的汇编语言源程序文件的扩展名必须是 ASM，大小写不限。下面以 MS-DOS Editor 文本编辑器为例，创建、编辑汇编语言源程序的大致过程如下：

先使系统运行于命令方式，选择好要建立的源程序文件名，在命令提示符下启动 Editor，如

E：\> edit <文件名>. asm ↙

假如本题的源程序文件名为 syt1. asm，则启动命令为

E：\> edit syt1. asm ↙

系统进入 Editor，并处于对 syt1. asm 文件的编辑状态，此时可在 Editor 的编辑窗口输入汇编语言源程序。

输入程序时，每输完一条指令后以回车键换行，程序输入完毕后通过文件菜单命令进行保存，然后退出 Editor 完成编辑任务。

有关 Editor 的详细操作功能，可参阅相关书籍。

2. 对汇编语言源程序的汇编原理。

源文件建立后，要用汇编程序对源文件进行汇编，汇编后产生二进制的目标文件(扩展名为 OBJ)、列表文件(扩展名为 LST)和交叉索引文件(扩展名为 CRF)。其中目标文件是最主要的文件，另两个文件可根据用户需要进行选择。目前使用的汇编工具主要是宏汇编程序 masm. exe。例如以如下格式输入命令：

E：\> masm syt1 ↙

该命令在启动 MASM 汇编时直接输入了需要汇编的源程序名 syt1(不必加扩展名)，回车后屏幕上出现第一条提示信息：

Object filename [SYT1. OBJ]:

提示用户输入目标文件名,因为在启动 MASM 时已输入了源文件名,所以在提示信息后面的方括号中给出了默认的目标文件名,如不想改变此文件名,可直接按回车键;如果想另起文件名或者在启动 MASM 时未输入源文件名,此时应输入目标文件名,但不必输入文件的扩展名,因为系统会自动生成扩展名 OBJ。

回车后,屏幕上出现第二条提示信息:

Source listing [NUL. LST]:

提示用户输入列表文件名。输入的文件名可以和前面的文件一致,如 syt1,但不必输入扩展名(扩展名自动生成为 LST);假如不需要生成列表文件则不要输入文件名,直接回车。

回车后,屏幕上出现第三条提示信息:

Cross reference [NUL. CRF]:

提示用户输入交叉索引文件名。输入的文件名可以和前面的文件一致,如 syt1,但不必输入扩展名(扩展名自动生成为 CRF);假如不需要生成交叉索引文件则不要输入文件名,直接回车。

也可以用下面的形式来启动汇编命令:

E:\> masm syt1;↙ (比前面第一种启动方式多了一个分号)

这种方式下屏幕不会出现以上三条提示信息,默认为三次均选择直接回车。

若汇编过程中未发现错误,则出现如下信息:

```
Warning Severe
Errors  Errors
0       0
```

表示汇编结束无错误,此时已产生了相应的 OBJ 文件,如果在前面选择的话,还将产生 LST 文件和 CRF 文件。

如果源程序中有错误,汇编结束后会在屏幕上出现错误提示信息,并且将不会产生以上 3 个文件。错误信息包括出错的地址、指令代码、汇编语言指令、错误的类型编号及错误的简要英文提示。例如,对某一源程序 exsam1. asm 进行汇编:

E:\> masm exsam1;↙

```
0002   B2 35                                mov dl,7f35h
Error  ---          50: Value is out of range
000B   05 0002                              add ax
Error  ---          10: Syntax error

Warning Severe
Errors  Errors
0       2
```

以上信息提示在汇编过程中发现源程序中有两处错误,第一处在"mov dl,7f35h"语句上,错误类型号为 50,后面的英文提示说明数值超出使用范围(目的操作数 DL 是字节,但立即数 7f35h 已超出字节取值范围);第二处错误在"add ax"语句上,错误类型号为 10,后面的英文提示说明是语法错误(指令中少了一个操作数)。此时应回到前一步骤,再用 Editor 打开源程序文件,进行编辑和修改,修改完毕后保存文件,然后重新汇编。

根据错误的不同类型和情况,汇编程序可有 80 多条相应的错误信息提示,详细的错误信息表见附录二。

假如在汇编程序运行后出现错误提示信息

```
Error ---        110:
in: EXSAM1. ASM
```

则表示汇编程序找不到要汇编的源程序 exsam1. asm,这种情况可能是程序名输入有误,或者在编辑源程序时建立的源文件名没有取扩展名 ASM,此时只需对原来的源文件名进行重命名,使之带有扩展名 ASM,然后再重新进行汇编。

3. 目标程序模块的连接。

在前一步正常完成对源程序的汇编后,已产生出二进制的目标文件(扩展名为 OBJ),但 OBJ 文件不是可执行的文件,还必须用连接程序 LINK 对目标程序模块进行连接,产生可执行文件(扩展名为 EXE)。如前面用 MASM 汇编后产生的目标程序模块文件名为 syt1. obj,此时可输入命令:

```
E: \> link syt1 ↙
```

对其进行连接。屏幕出现的提示和用户的回答为:

```
Microsoft (R) Personal Computer Linker   Version 2.40
Copyright (C) Microsoft Corp 1983, 1984, 1985.   All rights reserved.

Run File [SYT1. EXE]: ↙
List File [NUL. MAP]: ↙
Libraries [. LIB]: ↙
Warning: no stack segment
```

LINK 程序有两个输入文件,即 OBJ 文件和 LIB 文件。OBJ 文件是需要连接的目标文件;LIB 文件则是程序中需要用到的库文件,如无此特殊需要,则应对“[. LIB]:”提示直接回车。LINK 程序有两个输出文件,一个是 EXE 文件,也就是我们所需要的可执行文件,由于在提示信息中已给出了默认的文件名 syt1. exe,故可对“[SYT1. EXE]:”提示直接回车,这样就在磁盘上建立了名为 syt1. exe 的可执行文件。LINK 的另一个输出文件为 MAP 文件,它是连接程序的列表文件,又称为连接映象(Link Map),它给出每个段在存储器中的分配情况,如无此需要可直接回车。连接命令后面也可加上分号以跳过这三条屏幕提示信息。

最后一行“Warning: no stack segment”是连接程序给出的无堆栈段的警告信息,它并不影响程序的执行。到此为止,连接过程已经结束,我们已得到了可执行文件 syt1. exe,原则上说可以直接运行该程序了。

4. 程序的运行和调试。

可执行文件的运行方法是双击该程序的图标或在命令状态下直接键入文件名(不需要键入扩展名)并回车。但实际上,大部分程序还是必须经过调试阶段才能达到我们预期的目标。调试的工具是 DEBUG 调试程序。

对程序进行调试的基本步骤是:

(1) 启动 DEBUG 并把要调试的程序(如 syt1. exe)调入内存。

命令格式为:

```
E:\> debug syt1.exe↙
```

系统进入 DEBUG 调试状态后(出现提示符"-"),要调试的程序已被调入内存,我们可以用反汇编命令 U 调看反汇编后程序的指令序列,例如:

```
-u↙
139D:0000 B8A213        MOV     AX,13A2
139D:0003 8ED8          MOV     DS,AX
139D:0005 A10000        MOV     AX,[0000]
139D:0008 F7260400      MUL     WORD PTR [0004]
139D:000C A30800        MOV     [0008],AX
139D:000F 89160A00      MOV     [000A],DX
139D:0013 A10200        MOV     AX,[0002]
139D:0016 F7260400      MUL     WORD PTR [0004]
139D:001A 01060A00      ADD     [000A],AX
139D:001E 11160C00      ADC     [000C],DX
-u↙
139D:0022 A10000        MOV     AX,[0000]
139D:0025 F7260600      MUL     WORD PTR [0006]
139D:0029 01060A00      ADD     [000A],AX
139D:002D 11160C00      ADC     [000C],DX
139D:0031 A10200        MOV     AX,[0002]
139D:0034 F7260600      MUL     WORD PTR [0006]
139D:0038 01060C00      ADD     [000C],AX
139D:003C 11160E00      ADC     [000E],DX
139D:0040 F4            HLT
139D:0041 0000          ADD     [BX+SI],AL
-
```

从上面显示的内容可看出,指令序列中已没有了源程序中所使用的所有伪指令,从而说明源程序中的伪指令在汇编后是不产生机器代码的,所以它们不能被反汇编。伪指令只是告诉汇编程序在对源程序进行汇编时如何定义变量及其单元的地址,如何分配各段以及各段的起始地址,如何计算有关转移的地址等。从上面的指令序列中也可看到,第一条指令是"MOV AX,13A2",它替代了原来源程序中的"MOV AX,DATA"指令,说明系统分配给数据段的段起始地址为 13A2H;第三条指令是"MOV AX,[0000]",它替代了源程序中的"MOV AX,DATAX"指令,说明系统分配给变量 DATAX 的起始偏移地址为 0000H;…。

(2) 用 DEBUG 命令对程序进行调试。

通过在 DEBUG 状态下键入各种命令,如 R 命令、D 命令、G 命令、T 命令等分别可执行查看寄存器的内容、查看内存的内容、运行程序、跟踪调试等操作,从而观察程序的运行流程是否正常以及各指令在执行后相关的中间结果是否正确。

例如,上面的 syt1.exe 程序在进入调试状态后,可先用 R 命令看一下各寄存器的内容,然后用 T 命令跟踪运行,观察寄存器内容的变化,如:

```
E:\>debug syt1.exe↙
-r↙
```

```
AX=0000  BX=0000  CX=0060  DX=0000  SP=0000  BP=0000  SI=0000  DI=0000
DS=138D  ES=138D  SS=139D  CS=139D  IP=0000  NV UP EI PL NZ NA PO NC
139D:0000 B8A213      MOV     AX,13A2
-t↙
AX=13A2  BX=0000  CX=0060  DX=0000  SP=0000  BP=0000  SI=0000  DI=0000
DS=138D  ES=138D  SS=139D  CS=139D  IP=0003  NV UP EI PL NZ NA PO NC
139D:0003 8ED8        MOV     DS,AX
-t↙
AX=13A2  BX=0000  CX=0060  DX=0000  SP=0000  BP=0000  SI=0000  DI=0000
DS=13A2  ES=138D  SS=139D  CS=139D  IP=0005  NV UP EI PL NZ NA PO NC
139D:0005 A10000      MOV     AX,[0000]                     DS:0000=0148
-t↙
AX=0148  BX=0000  CX=0060  DX=0000  SP=0000  BP=0000  SI=0000  DI=0000
DS=13A2  ES=138D  SS=139D  CS=139D  IP=0008  NV UP EI PL NZ NA PO NC
139D:0008 F7260400    MUL     WORD PTR [0004]               DS:0004=0237
-
```

上面第一条 R 命令,屏幕显示了程序刚调入内存时各 CPU 的初值和下面将要执行的指令。在连续输入两次 T 命令后,程序运行了"MOV AX,13A2"和"MOV DS,AX"两条指令,从此时寄存器的值可知(AX) = 13A2H,(DS) = 13A2H,说明数据段起始地址值已赋给了段寄存器 DS。

再输入一次 T 命令,可看到(AX) = 0148H,说明程序执行了第三条指令"MOV AX,[0000]"后,变量 DATAX 的第一个字的内容已传入 AX 寄存器中。

以此类推,每输入一次 T 命令,程序会按顺序运行一条指令,并显示该指令运行后各寄存器的值,从而跟踪程序在运行过程中是否符合设计要求。

另外,还可用 D 命令来显示内存的内容,如:

```
-d ds:0↙
13A2:0000 48 01 16 23 37 02 52 40-78 D6 CC 1E AC BD D0 08   H..#7.R@x.......
13A2:0010 3E 43 04 00 75 0D F6 06-21 04 FF 75 06 E8 0B 00   >C..u...!..u....
13A2:0020 E8 59 00 5F 5E 59 5B 58-5A 1F C3 2E 80 3E F1 E3   .Y._^Y[XZ....>..
13A2:0030 00 74 F7 1E 0E 1F BE F1-E3 E8 B9 02 2E A1 4B E8   .t...........K.
13A2:0040 BB 40 00 BA 01 00 33 FF-CD 21 1F 72 0B 8B D8 B0   .@....3..!.r....
13A2:0050 FF 86 47 18 A2 18 00 C3-0E 1F E8 D2 00 3D 41 00   ..G..........=A.
13A2:0060 74 07 0B FF 74 06 BA 54-83 E9 B5 FC 2E C6 06 83   t...t..T........
13A2:0070 E2 01 BA 85 E2 2E A3 85-E2 E9 A5 FC 80 3E E7 04   .............>..
-
```

也可用 G 命令来连续运行程序直至结束或至断点地址。

有关 DEBUG 的详细功能及使用方法见附录一。

5. 程序编辑、汇编、连接、调试的流程。

汇编语言源程序经汇编和连接,如无误才能产生可执行文件,但此时还并不能认为程序设计就没有问题了,因为这两步只能说明程序中没有语法或指令使用方面的错误,而程序设计流程是否合理、寄存器及变量之间数据的存取是否正确,必须经过调试才能知道。一个程序从源文件的建立一直到调试完毕,需经过各个环节,缺一不可,整个操作流程可用图 1-2 来表示。

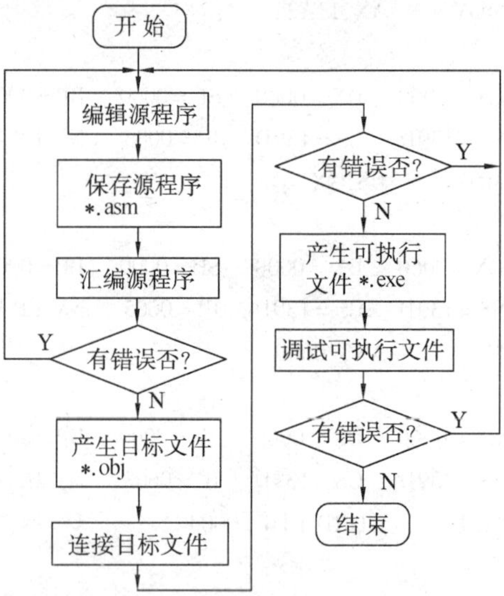

图 1-2　汇编语言程序的编辑、汇编、连接、调试流程

三、实验内容

1. 用 Editor 建立和编辑汇编语言源程序。

先使系统运行于命令状态,在命令提示符下启动 Editor,并设要建立的源程序文件取名为 syt1. asm,程序输入完毕后通过文件菜单命令进行保存,然后退出 Editor 完成编辑任务。

2. 对源程序进行汇编,产生目标程序模块。

启动宏汇编程序 MASM,根据提示信息作相应的回答并输入。如果出现错误信息提示,应记录这些信息,然后重新启动 Editor,对源程序进行修改。修改完毕后保存文件,再进行汇编,直到无错误信息出现。

3. 连接目标程序,形成可执行程序文件。

启动连接程序 LINK,根据提示信息作相应的回答并输入。如果出现错误信息提示,应重新对源程序进行编辑和汇编,然后再进行连接。直到没有错误信息出现,使其产生可执行文件 syt1. exe。

4. 用调试程序 DEBUG 对程序进行调试。

启动 DEBUG 调试程序并装入可执行程序 syt1. exe,即输入如下命令:

E: \> debug syt1. exe↙

输入时注意不可忽略". exe。"进入调试状态后进行以下操作:

(1) 用 R 命令调看各寄存器的内容,记录 AX、BX、CX、DX、IP 寄存器的初始值。

(2) 用 U 命令进行反汇编,观察反汇编显示的指令序列及其每条指令的地址和代码,再和源程序的指令序列进行比较,看看有何异同。

(3) 用 T 命令跟踪各条指令的执行,记录每条指令执行后 AX、BX、CX、DX、IP 寄存器的内容,直到 HLT 指令为止。

（4）用 D 命令调看数据段偏移地址 0000 开始的数据区的内容，记录从 0000 开始连续 16 个字节单元的内容，观察原始操作数和运算结果的值，并分析结果正确与否。

（5）用 R 命令将 IP 寄存器的值恢复为初始值，再用 E 命令将从数据段 0008H 开始的连续 8 个单元的内容全部修改为 0（清除前面运算的结果）。

（6）输入带断点地址的运行命令 G 5 ↙（断点地址为 0005H），观察在执行完前面两条指令后各寄存器的内容，再用 D 命令查看数据段前 16 个单元的内容。然后再输入运行命令 G 40 ↙（断点地址为 0040H），观察程序运行至最后（HLT 指令）时各寄存器的内容，再用 D 命令查看数据段前 16 个单元的内容，体会 G 命令的功能。

（7）练习 DEBUG 其他命令的使用。

四、实验仪器与器件

1. 硬件设备：微型计算机一台（CPU 80486 以上，内存 32MB 以上，硬盘 1GB 以上）。
2. 软件设备：Windows 98/2000/XP 操作系统、MASM 宏汇编程序、LINK 连接程序。

五、实验报告要求

1. 列出本实验程序的原理、流程图和汇编语言源程序清单。
2. 列出程序从源程序编辑到最后调试的各个步骤。
3. 记录用 DEBUG 调试程序调试可执行程序时要求记录的内容。
4. 分析实验结果。

六、实验预习要求

1. 预习文本编辑器 MS－DOS Editor 的相关内容，主要是它的文件菜单命令中的各命令项。
2. 预习调试程序 DEBUG 的相关内容，初步了解各种 DEBUG 命令的功能和使用方法。详细内容见附录一。
3. 充分复习学过的汇编语言指令，特别是要熟悉数据运算类指令的功能和使用方法、数据定义及存储器分配伪操作的使用格式，以及完整的汇编语言源程序的组成格式。
4. 预习并掌握对汇编语言源程序进行汇编、连接，最后产生可执行文件的操作过程。

【提高篇】

1. 如果给定的操作数 DATAX 和 DATAY 在数据段中用伪指令 DD 定义，并表示为带符号数，试修改程序，并对其进行编辑和调试。
2. 在 DEBUG 状态下用 E 命令将原始数据存入地址 5000：0000 开始的内存单元中，然后用 A 命令直接输入汇编语言程序，并进行调试和运行。

实验 1.2　算术运算编程

【基础篇】

一、实验目的

1. 学习并掌握算术运算指令的功能，掌握和巩固关于汇编语言源程序的基本格式和编写方法、常用伪指令的使用等方面的知识。

2. 进一步掌握汇编语言程序的编辑、汇编、调试等上机过程。

二、实验原理

1. 汇编语言源程序的书写格式。

用汇编语言编写的源程序必须是一个完整的源程序，才能经过宏汇编程序的汇编，生成相应的目标程序。所谓“完整”，就是程序必须符合一定的书写形式，必须包含对内存进行有关段的定义、地址的分配、程序的起始和结束标记等一些不可缺少的伪指令。为了完成汇编任务，汇编程序一般采用两遍扫描的方法，第一遍扫描源程序产生符号表、处理伪指令等；第二遍扫描产生机器指令代码、确定数据等。

(1) 源程序的基本结构。

因为 8088/8086 系列微机内部存储器是采用分段方式管理的，由 4 个段寄存器分别存放 4 个专用段的起始地址，CPU 通过段寄存器中存放的地址对内存中相应段进行访问。因此在编写源程序时必须按段的结构来编制程序，一般结构形式如下：

```
            ┌堆栈段名  SEGMENT
            │用变量定义预置的堆栈空间
逻辑堆栈段 ┤     ⋮
            └堆栈段名  ENDS
            ┌数据段名  SEGMENT
            │用变量定义预置的数据空间
逻辑数据段 ┤     ⋮
            └数据段名  ENDS
```

```
           ┌代码段名   SEGMENT
           │          ASSUME 定义各段寻址关系
           │过程名     PROC FAR
           │起始标号:程序指令序列
逻辑代码段 ┤              ⋮
           │          RET
           │过程名     ENDP
           │代码段名   ENDS
           └END       过程名或起始标号
```

以上形式是一种较典型的结构,实际源程序并不必须包含这三个段,但至少要有一个代码段,数据段根据需要可有可无,也可增设附加段。对于堆栈段根据需要也可有可无,如果不设堆栈段,程序在连接(LINK)时计算机将显示如下警告错误信息:

```
Warning: no stack segment
There was 1 error detected.
```

有的版本 LINK 程序不显示最后一行信息。如果在程序中没有用到堆栈时,该错误提示不影响连接的成功和程序的运行;如果程序中要用到堆栈时则必须设置堆栈段。

(2) 段寄存器的段地址装入。

ASSUME 伪指令语句只建立了当前段与段寄存器的关系,但不会把段地址装入段寄存器中,对于 4 个段寄存器来说,除了 CS 是由系统自动分配的以外,DS、ES、SS 3 个段寄存器的段地址装入应该用指令来完成。另外,段寄存器不能用立即数寻址方式直接传送地址,应该通过通用寄存器传送给段寄存器,如

```
MOV   AX,逻辑段名
MOV   段寄存器名,AX
```

注意,这里的逻辑段名是程序中定义的逻辑段的名字,但不可以是代码段;段寄存器名是与各逻辑段对应的各个段寄存器 DS、ES 或 SS,CS 除外。

(3) 过程定义伪指令的使用。

在上面的结构形式的代码段中,用到了过程定义:

```
过程名   PROC   FAR
           ⋮
过程名   ENDP
```

一般来说,过程定义用于对一个过程(子程序)的定义,便于主程序来调用这个过程,而在主程序中可以不用。但是如果在主程序中使用过程定义会带来很大的好处,我们可以把主程序代码段中的程序内容定义为一个可供外部(DOS)调用的主过程。这样,在操作系统下直接运行该程序时,程序运行结束会自动返回到操作系统,不会出现"死机"现象。这种情况下,在程序指令的开始应首先把当前 DS 的内容压入堆栈,再把 AX 的内容置为 0 作为偏移地址并且压入堆栈,以便在程序结束时返回 DOS,如

```
PUSH   DS
XOR    AX,AX
PUSH   AX
```

在程序指令的最后,过程结束伪指令“过程名　ENDP”之前,应该安排一条返回指令“RET”,这样才能保证程序的正常返回。如果主程序在开始时没有用上面的三条指令在堆栈中建立返回信息,则在程序结束时就不能直接用 RET 指令返回,而应该使用功能号为 4CH 的 DOS 功能调用来返回 DOS,即

```
MOV   AH,4CH
INT    21H
```

2. 编制汇编语言程序的步骤。

一般来说,编制一个汇编语言程序的过程为:

(1) 分析问题、确定算法。就是根据实际的问题进行综合分析,找出合理的处理方法或列出正确的数学模型和适当的数据结构,这一步是能否编制出高质量程序的关键。

(2) 根据算法画出程序流程图。程序流程图又称程序框图,它是根据算法绘制出的指示程序结构和语句走向的一种图形,它是编写程序的蓝本。这一步骤对初学者特别重要,它可以减少程序出错的可能性。画框图时可以从粗到细把算法逐步地具体化。

(3) 根据框图编写程序。这一步就是把框图改写成指令序列的过程,这里关键是要正确地使用指令及指令格式。框图中画出的是程序要实现的主要功能的原理,在编写源程序时,这一部分就是代码段中的主要指令序列的依据,而完整的源程序除了这一部分以外,还要加上各种伪指令等。

(4) 程序的注释。为了便于阅读和修改程序,在程序中应加入适当的注释项,注释项一般有两个作用:一是分割程序功能段的作用,用一些以分号开头的符号串插在语句行之间,便于在阅读程序时确定某些功能段的范围,还可加上一些文字说明这一段程序的主要功能;二是对一条或几条指令的功能进行注释,简要说明指令所要实现的操作功能,一般标注在指令所在行的后面,并以分号分隔。

3. 四则运算实验题。

编程计算$(V-(X\times Y+Z-540))/X$,将运算结果的商送入 S 单元,余数送入 R 单元。其中 V、X、Y、Z、S、R 均为存放 16 位带符号数的单元的地址。

解题方案:

首先要注意本题中涉及到加、减、乘、除运算,操作数都是带符号数,因此在使用乘除运算时要用带符号的运算指令;其次是给出的操作数均为 16 位数,应进行字操作。在乘法运算后,积是 32 位的;在除法运算时,被除数也应该是 32 位的,商和余数均是 16 位的。最后,运算结果的商存入 S 单元,余数存入 R 单元。

算式中首先运算 $X\times Y$,根据乘法指令使用规则,必须先将一个乘数存入累加器中(字操作时为 AX),然后再用乘法指令与另一个操作数相乘得到 32 位的积,其中积的低位字在 AX 寄存器中、高位字在 DX 寄存器中,所以后面加减运算中用到的变量 Z 和 V 都应该通过 AX 寄存器进行符号扩展至 32 位。

根据题意,可画出流程图(如图 1-3 所示)。

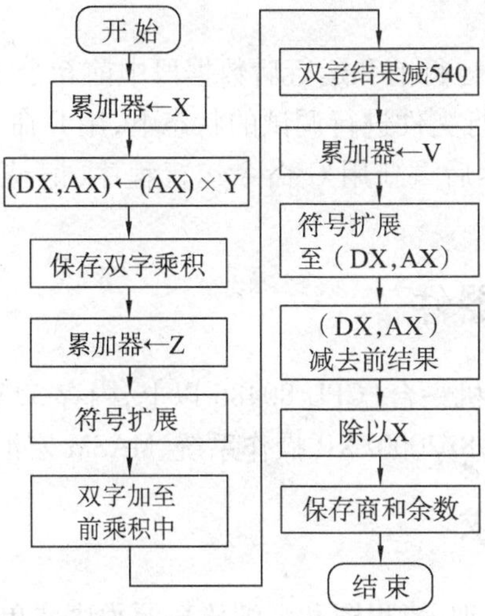

图 1-3　两个双字相乘的流程图

在流程图中，先将 X 单元的内容存入累加器 AX，再用带符号的乘法指令将其与 Y 相乘，乘积在 DX、AX 中，在接下来与 Z 的加法运算时，因为 Z 要送入 AX 才能进行符号扩展，所以为了避免 X 与 Y 的乘积被冲掉，必须先将其保存至其他地方，如 BX 或 CX 寄存器，也可以保存到存储单元中。在进行双字相加时，低位字用 ADD 指令实现，而高位字必须用带进位的加法指令 ADC 来操作。在减 540 这个立即数时，应该是双字相减。我们可以将 540 先送入 AX 寄存器进行字符扩展后，再分别用不带借位的减法指令 SUB 和带借位的减法指令 SBB 分别进行低位字和高位字的减法操作；也可以用较为简单的方法，不必进行字符扩展，因为 540 这个数值是确定的一个字，只需先用 SUB 指令将前面运算结果的低位字减去 540，再用 SBB 指令将高位字减去 0（为了减去低位字相减时可能产生的借位）即可。V 也是同样要送入 AX 寄存器进行符号扩展，扩展后的双字在 DX、AX 中，再用与前面一样的双字相减的方法减去前运算结果。本次减法操作时，可分别将 AX 和 DX 作为目的操作数，这样，运算后的结果在 DX、AX 寄存器中，就可以直接使用除法运算指令除以 X 了。最后再将除运算后的商和余数保存到 S 和 R 单元即可。

三、实验内容

1. 根据实验题的流程图，编写完整的汇编语言源程序。运算表达式中的各个原变量值用伪指令在数据段中进行定义，设 X = 0828H，Y = 0EB40H，V = 3578H，Z = 1200H。运算结果存放于这几个变量之后。

2. 用 Editor 建立和编辑源程序，文件名自取，扩展名必须为 ASM，编辑结束后保存该文件。

3. 对源程序进行汇编和连接，形成可执行程序文件。

4. 用调试程序 DEBUG 对连接后产生的可执行程序进行调试。

（1）用反汇编命令 U 对程序进行反汇编，记录代码段和数据段的段地址值，观察并记录反汇编产生的汇编语言程序与源程序有哪些不同之处。

（2）用 T 命令跟踪程序的运行，记录每条指令执行后 AX、BX、CX、DX 寄存器的值。一直运行到 RETF 为止。

(3) 用 D 命令查看程序运行前和运行后数据段中前 6 个字的内容,并记录。

5. 在用 DEBUG 对可执行文件进行调试的状态下,用 E 命令修改数据段中 X、Y、Z、V 单元的内容,具体数值自定。然后重新用 G 命令运行程序,记录修改后的各变量值和运算结果 S 和 R 单元的值。

四、实验仪器与器件

1. 硬件设备:微型计算机一台(CPU 80486 以上,内存 32MB 以上,硬盘 1GB 以上)。
2. 软件设备:Windows 98/2000/XP 操作系统、MASM 宏汇编程序、LINK 连接程序。

五、实验报告要求

1. 列出本实验程序的原理、流程图和汇编语言源程序清单。
2. 列出程序从源程序编辑到最后调试的各个步骤。
3. 记录用 DEBUG 调试程序调试可执行程序时要求记录的内容。
4. 分析实验结果。

六、实验预习要求

1. 预习指令系统中的加、减、乘、除运算指令,弄清它们的使用规则。
2. 预习汇编语言源程序的基本结构形式和编写方法等相关内容。
3. 预习调试程序 DEBUG 的相关内容,进一步熟悉各种 DEBUG 命令的功能和使用方法。详细内容见附录一。
4. 复习对汇编语言源程序进行汇编、连接,最后产生可执行文件的过程。
5. 根据实验原理中的流程图,编写好汇编语言源程序。

七、实验参考程序

```
DATA    SEGMENT
        V  DW  3578H
        X  DW  828H
        Y  DW  0EB40H
        Z  DW  1200H
        S  DW  ?
        R  DW  ?
DATA    ENDS
CODE    SEGMENT
        ASSUME  CS: CODE,S:DATA
MAIN    PROC  FAR
START: PUSH  DS
       MOV   AX,0
       PUSH  AX
```

```
        MOV   AX,DATA
        MOV   DS,AX
        MOV   AX,X          ;X 送 AX 寄存器
        IMUL  Y             ;X×Y
        MOV   CX,AX         ;积的低位字保存至 CX 寄存器
        MOV   BX,DX         ;积的高位字保存至 BX 寄存器
        MOV   AX,Z          ;Z 送 AX 寄存器
        CWD                 ;符号扩展
        ADD   CX,AX         ;前运算结果的低位字加 Z 的低位字
        ADC   BX,DX         ;前运算结果的高位字加 Z 的高位字
        SUB   CX,540        ;减去 540
        SBB   BX,0          ;减去借位位
        MOV   AX,V          ;V 送 AX 寄存器
        CWD                 ;符号扩展
        SUB   AX,CX         ;V 的低位字减去前运算结果的低位字
        SBB   DX,BX         ;V 的高位字减去前运算结果的高位字
        IDIV  X             ;(DX,AX)作为被除数除以 X
        MOV   S,AX          ;保存商至 S 单元
        MOV   R,DX          ;保存余数至 R 单元
        RET
MAIN    ENDP
CODE    ENDS
        END   MAIN
```

【提高篇】

1. 如果给定的操作数是无符号数,试修改程序。

2. 假设在数据段 S_SEG、附加段 Y_SEG、和堆栈段 Z_SEG 中分别定义了字变量 X、Y 和 Z,编写完整的程序计算

$$(X/Y - X + Z/Y) \times Z$$

将最后运算结果存入数据段中 X 变量之后(忽略除法中的余数)。

实验 1.3 条件转移和循环指令的应用

【基础篇】

一、实验目的

1. 熟练掌握条件转移指令和循环指令的功能和使用方法,学会编写跳转、分支和循环等较复杂的汇编语言程序。

2. 熟悉“起泡法”排序算法的基本原理和编程方法。

二、实验原理

1. 控制转移指令的使用和分支程序结构。

程序在内存中是以编写顺序按照地址从小到大的次序进行存放的，最简单的情况下，程序是顺序逐条执行的，但对于大多数的实际情况，程序不可能全部顺序执行，而是经常需要改变程序的执行流程，根据不同的情况实现不同的操作，这种程序的分支需要用控制转移指令来实现。

(1) 分支程序的结构形式。

分支程序的结构通常可以用如图 1-4 所示的框图来表示。它相当于高级语言中的 IF-THEN-ELSE 语句，菱形框为判别框，表示根据给定的判别条件作不同处理的情况，它有一个入口和两个出口，两个出口对应于两个分支，当满足条件时执行连接 Y 出口的分支，否则就执行连接 N 出口的分支(即按原顺序执行)。

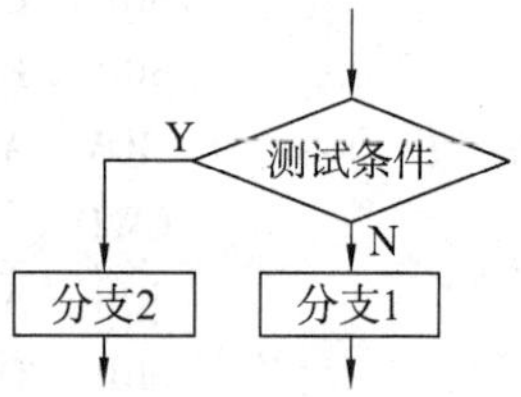

图 1-4 分支程序的结构形式

(2) 分支程序设计方法。

程序的分支一般用转移指令来实现，8086/8088 指令系统中有非常完备的控制转移指令，主要分为无条件转移和条件转移两大类。

无条件转移主要有跳转指令 JMP 和过程调用指令 CALL，而在通常情况下主要是指跳转指令 JMP。JMP 指令根据转移范围分为段内转移和段间转移，而段内转移又分为段内短转移和段内近转移；根据转移地址的寻址方式又可分为直接转移和间接转移。有关 JMP 指令的具体使用规则，可参阅教科书的相关内容。当程序不是太大时，JMP 一般采用段内直接转移的方式。

条件转移指令是程序的灵魂，它可以通过对条件的判别来实现程序的分支。根据不同的转移条件有不同的条件转移指令，转移的依据是当前某一个或几个标志位的设置情况，称为测试条件，满足测试条件则转移到分支 2；如不满足条件则顺序执行下一条指令，即分支 1，如图 1-4 所示。测试条件是通过条件转移指令前的一条操作类指令(如运算指令)结果对标志位的影响来建立的。

另外，在用条件转移指令实现程序的分支时，通常要用到 JMP 指令来完成分支程序段结束以后的转向问题，避免某个分支的重复运行。例如，若要根据一次加法运算的结果实行不同的处理，如果结果为 0 运行分支程序段 2，否则运行分支程序段 1，程序结构为

```
                ⋮
        ADD   AX,TPA
        JZ    OPER2
                ⋮  }OPER1 分支内容
        JMP   目标地址
OPER2:
                ⋮  }OPER2 分支内容
```

在该程序中,有两个分支 OPER1 和 OPER2,程序在执行了 ADD 指令后,便根据结果设置了相关的标志位,为下一条条件转移指令提供了测试条件。在执行条件转移指令 JZ 时,以前面运算结果是否为零即标志位 ZF 是否为 1 作为测试条件,如满足条件则转移去执行 OPER2 的分支内容而不执行 OPER1 的分支内容;否则(即不满足条件)就不转移,顺序执行下面的 OPER1 分支内容而不执行 OPER2 的分支内容。为满足这个设计要求,在 OPER1 分支的最后,应安排一条 JMP 指令,使程序执行完分支 OPER1 后跳过 OPER2,以避免出现在执行完 OPER1 后又去执行 OPER2 的错误。

要注意的是,条件转移都是段内短转移,也就是说转移的目标地址与当前下一条指令地址的偏移量应该在 -128 ~ +127 个字节的范围之内。我们在编写程序时应充分考虑到这一点,假如要进行超过上述范围的条件转移,可以采用与 JMP 配合的方法。

条件转移指令不影响标志位。有关条件转移指令的详细形式和测试条件,可参阅教科书中的相关章节。

2. 循环程序的设计方法。

循环程序主要为了实现对某一程序段的反复运行以完成某种特定的功能。循环程序的实现方法有两种:

(1) 用条件转移指令实现循环。

用条件转移指令和循环控制计数器配合可实现循环执行某一程序段的功能,它的结构如图 1-5 所示。

用条件转移指令实现循环的程序结构为:

```
        MOV   CX,n
               ⋮
AGAIN:
               ⋮ }循环体
        DEC   CX
        JNZ   AGAIN
```

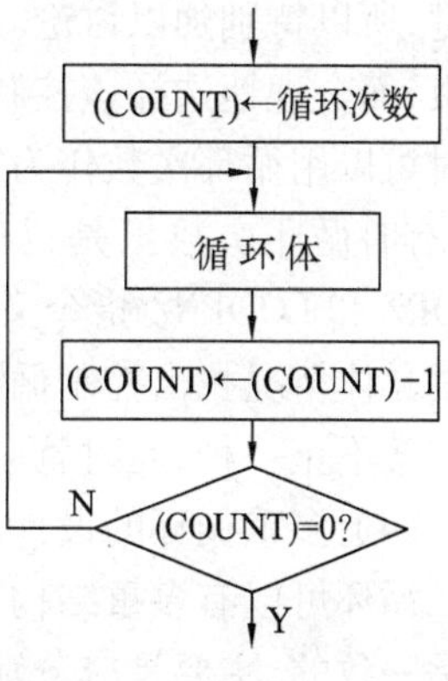

图 1-5　循环程序结构框图

循环次数 n 存放于用做循环计数器的 CX 寄存器中,也可以用其他通用寄存器,这种方式的循环结构在每执行一遍循环体后必须要将循环计数器减 1,以保证循环的正常结束。

(2) 用循环指令实现循环。

8086/8088 指令系统中有专用的循环指令 LOOP、LOOPE/LOOPZ、LOOPNE/LOOPNZ,以简化循环程序的设计,其结构如图 1-6 所示。

用循环指令实现循环的程序结构为:

```
        MOV   CX,n
               ⋮
AGAIN:
               ⋮ }循环体
        LOOP  AGAIN
```

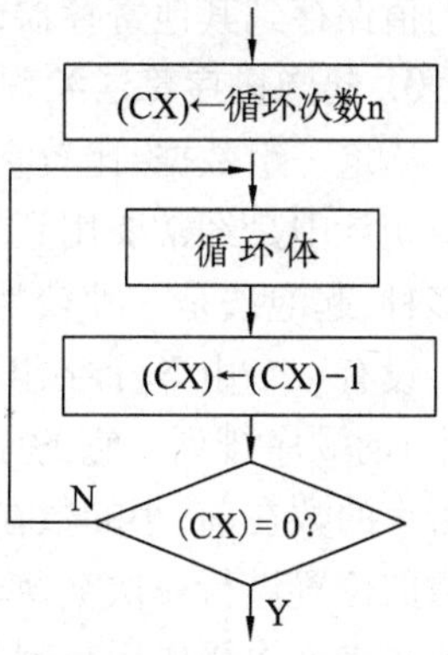

图 1-6　循环程序结构框图

这里用一条循环指令代替了原有的修改循环计数及判断转移条件的两条指令。在使用循环指令编写循环程序时，由于循环计数器在每执行一遍循环时是自动减1的，并且指定为CX，因此我们在设定循环初值时必须将该初值送入CX而不可使用其他寄存器。LOOPE/LOOPZ和LOOPNE/LOOPNZ指令在判别转移条件时除了看循环计数器CX是否为0外，还取决于当前状态标志位ZF的情况，因此，程序有可能在(CX)尚未到0时提前退出循环。

循环指令引起的转移也属于段内短转移，也就是说，转移的目标地址在当前循环指令下一条指令地址的 -128 ~ +127 个字节范围之内。循环指令不影响标志位。

(3) 循环程序的结构。

不论哪一种结构形式，循环程序有以下三部分组成：

① 设置循环的初始状态。主要包括设置循环次数的初值，以及为循环体正常工作而建立的初始状态(如各寄存器的初值、建立地址信息)等。

② 循环体。这是循环工作的主体，它由循环的工作部分及修改部分组成。循环的工作部分是为完成程序功能而设计的主要程序段；循环的修改部分则是为保证每一次重复(循环)时参加执行的信息能发生有规律的变化而安排的指令。

③ 循环控制部分。循环控制本来应该属于循环体的一部分，由于它是循环程序设计的关键，所以特别加以讨论。每个循环程序必须选择一个循环控制条件来控制循环的运行和结束，而合理地选择该控制条件就成为循环程序设计的关键问题。有时循环次数是已知的，此时可以用循环次数作为循环的控制条件，LOOP指令使这种循环程序设计能很容易地实现；有时循环次数虽是已知的，但有可能使用其他特征或条件来使循环提前结束，此时LOOPZ和LOOPNZ指令又是设计这种循环程序的工具；有时循环次数是未知的，那就需要根据具体情况找出控制循环结束的条件。循环控制条件的选择是很灵活的，有时可能的选择方案不止一种，此时就应分析比较选择一种效率最高的方案来实现。

(4) 多重循环的设计。

循环可以有多重结构，即循环嵌套。多重循环程序设计的基本方法和单重循环程序设计是一致的，主要是应分别考虑各重循环的控制条件及其程序实现，相互之间不能混淆，内外循环不能交叉。

另外应该注意在每次通过外层循环再次进入内层循环时，初始条件必须重新设置。对于内外循环中要用到外循环中已用到的寄存器，在进入内循环之前应该用适当的方式将它们的值保存到其他寄存器或单元中，到内循环结束退出至外循环时再加以恢复。

3. 起泡排序算法编程原理。

给定一组数据，比较它们的大小，并按从大到小或从小到大的顺序进行排列，这在很多数值统计中是经常要用到的操作，如产量统计、成绩统计等。在程序设计中有关排序的算法有多种，起泡法是一种较为常用的方法。

设有一个由N个字组成的数组，用起泡法对这个数组进行排序，要求结果以降序(从大到小)的顺序排列。它的原理是从数组的第一个数开始依次对相邻两个数进行比较，判别是否大的数在前、小的数在后，如果顺序对则不改变这两个数的位置；如顺序不对则将这两个数的位置进行一次交换，以保证经这次比较和交换后大的数排在前面，小的数排在后面。然后再将这次操作后得到的较小的数和与之相邻的后一个数作同样的比较和交换……对于N个数来说，做完第一遍排序共需进行N-1次比较，经过这一遍比较后，最小的数已经排到了最后。接着再进行第二遍、第三遍、……、第 N - 1 遍的比较。

表 1-1 表示了这种算法的例子。

表 1-1 起泡法排序算法举例

序 号	1	2	3	4	5	6
原数组顺序	25	6	18	8	95	46
第一遍比较 N - 1 次后	25	18	8	95	46	6
第二遍比较 N - 2 次后	25	18	95	46	8	6
第三遍比较 N - 3 次后	25	95	46	18	8	6
第四遍比较 N - 4 次后	95	46	25	18	8	6
第五遍比较 N - 5 次后	95	46	25	18	8	6

因为经第一遍比较后最小的数已经排到了数组的最后，所以第二遍比较只需要考虑 N - 1 个数，即只需要比较 N - 2 次，第三遍只需要比较 N - 3 次，……，总共最多用 N - 1 遍比较就可完成排序。

用这种方法编程时可用双重循环来实现，将需要作的比较遍数 N - 1 作为外循环，而将每一遍需要比较的次数作为内循环。

假设数组的首地址为 A，数组的长度为 N。图 1-7 为这种算法的流程图。

根据以上流程图，就可以编写出这种排序方法的程序。

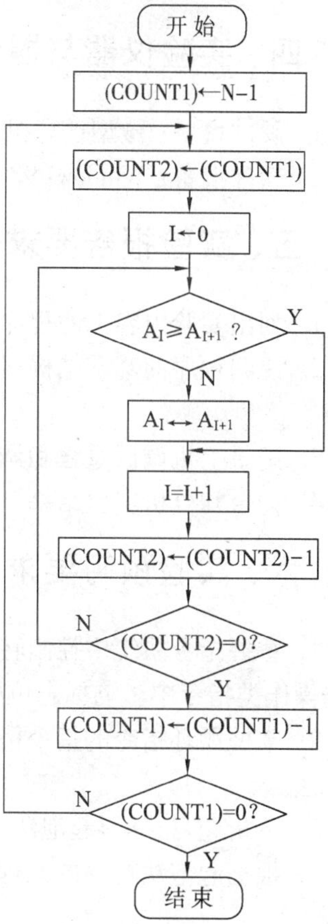

图 1-7 起泡法排序程序流程图

在该流程中，内外循环的次数都是已知的，在整个程序运行过程中，内循环次数虽然是在不断变化着，但它是按每次减 1 的规律在变化的，而外循环次数则是一个由数组长度确定的数(其值为 N - 1)。也就是说，不管数组的原始排列情况如何，算法保证了只要作 N - 1 遍比较总可以实现排序。

三、实验内容

1. 根据实验原理中起泡法排序的流程图，用降序的排序法编写完整的汇编语言源程序。数组在数据段中定义，数组中任意定义 20 个无符号数，数组名自选。

2. 建立和编辑源程序，然后对源程序进行汇编、连接，产生可执行文件。

3. 用调试程序 DEBUG 对连接后产生的可执行程序进行调试。

(1) 用反汇编命令 U 对程序进行反汇编，记录代码段和数据段的段地址值。

(2) 在 DEBUG 下用 G 命令运行程序。

(3) 用 D 命令查看程序运行前和运行后数据段中所定义单元的内容，并记录。

4. 修改程序，使之实现升序的排序功能。

四、实验仪器与器件

1. 硬件设备：微型计算机一台（CPU 80486 以上，内存 32MB 以上，硬盘 1GB 以上）。
2. 软件设备：Windows 98/2000/XP 操作系统、MASM 宏汇编程序、LINK 连接程序。

五、实验报告要求

1. 列出实验内容 1 的程序原理、流程图和汇编语言源程序清单。
2. 说明程序的基本结构，包括程序中各部分的功能，以及所用的主要符号和寄存器的功能。
3. 记录上机调试过程和调试过程中遇到的问题是如何解决的。
4. 记录和分析实验结果。

六、实验预习要求

1. 掌握指令系统中控制转移类指令的主要分类，熟悉条件转移指令的使用规则。弄清数据操作类指令中影响标志位的情况，了解条件转移指令的测试条件。
2. 掌握循环指令的指令格式和使用方法，掌握单循环和二重循环程序的结构形式和编程方法。
3. 分析题目，学习起泡法排序的基本思想，确定用于排序的一组原始数据。
4. 根据起泡法排序的原理画出流程图，编写出汇编语言源程序。

七、实验参考程序

```
DATAREA SEGMENT
    A    DW          n   DUP(?)
DATAREA ENDS
CODEREA SEGMENT
MAIN    PROC        FAR
        ASSUME      CS: CODEREA,DS: DATAREA
START:  PUSH        DS
        SUB         AX,AX
        PUSH        AX
        MOV         AX,DATAREA
        MOV         DS,AX
        MOV         CX,n                ;数据个数送入 CX 寄存器
        DEC         CX                  ;总外循环次数为 n-1 次
LOOP1:  MOV         DI,CX               ;保存外循环计数值
        MOV         BX,0                ;起始单元有效地址送 BX 寄存器
LOOP2:  MOV         AX,A[BX]            ;取数
        CMP         AX,A[BX+2]          ;与下一单元中的数比较
        JGE         CONTI               ;大于等于则不交换
```

```
        XCHG    AX,A[BX+2]        ;交换数据
        MOV     A[BX],AX          ;保存数据
CONTI:  ADD     BX,2              ;修改地址
        LOOP    LOOP2             ;继续内循环
        MOV     CX,DI             ;恢复外循环计数值
        LOOP    LOOP1             ;继续外循环
        RET
MAIN    ENDP
CODEREA ENDS
        END     START
```

【提高篇】

1. 对源程序的流程进行改进,使其一旦排序完成便提前退出循环,以提高程序的工作效率。对改进后的程序再重复进行实验内容 2、3。

2. 采用其他的排序方法,说明其基本思路,给出流程图及源程序。

3. 将由键盘输入的小写字母转换成大写字母,并倒序显示。

4. 从键盘输入 10 个学生成绩(50 ~ 99 分),然后按从小到大顺序排列并显示在屏幕上。

实验 1.4　子程序和系统功能调用

【基础篇】

一、实验目的

1. 掌握过程定义及过程调用的基本规则,学会子程序的编程方法。

2. 学习系统功能调用及系统功能调用指令 INT 21H 的基本概念和使用方法,掌握其中的一些最基本功能,学会通过键盘输入数据和通过显示器输出数据的编程方法。

3. 进一步加深对数制及其转换方法的理解,掌握数制转换的一般编程技巧。

二、实验原理

1. 子程序的设计方法。

子程序又称为过程,是完成确定功能的独立程序段,它相当于高级语言中的过程和函数,可以随时方便地被其他程序调用,如十进制数转换成二进制数、二进制数转换成十六进制数并显示输出、一个函数值的计算等。对于这些常用的特定功能的程序段,在需要时,只要按一定的格式调用,就可以实现相应的运算或处理,可避免在程序中多次重复地书写这些程序,也节省了内存,这是模块化程序设计的基本方法。

(1) 子程序的结构。

过程定义伪操作:

过程定义伪操作用在过程(子程序)的前后,使整个过程形成清晰的、具有特定功能的程序段(模块)。其格式为:

```
〈过程名〉 PROC 〈属性〉
              ⋮
〈过程名〉 ENDP
```

其中过程名为标识符,它又是子程序入口的符号地址,它的写法和标号的写法相同,只是不带冒号。属性是指类型属性,它有 NEAR 和 FAR 两种形式,如调用程序(相对于子程序而言的主程序)和过程(子程序)在同一代码段中,应选择 NEAR 属性,则该过程仅供段内调用;如调用程序和过程不在同一代码段中应选择 FAR 属性,则该过程可供段内或段间调用。

(2) 子程序的调用和返回。

过程调用指令为 CALL,过程返回指令为 RET。过程调用指令应安排在调用程序中,而过程返回指令一般安排在过程中指令序列的最后,如图 1-8 所示。

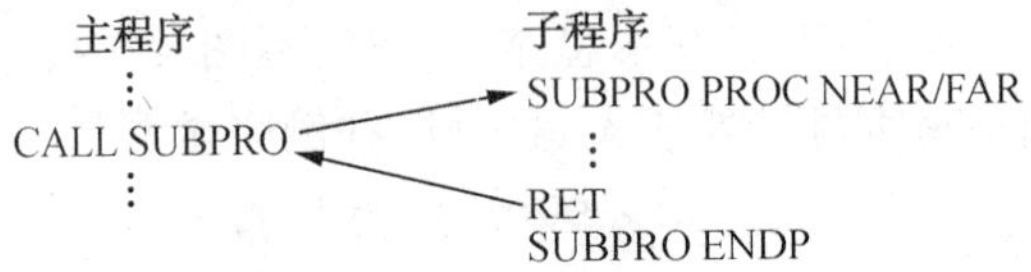

图 1-8　子程序调用示意图

CALL 和 RET 指令也都有 NEAR 和 FAR 属性,段内调用使用 NEAR 属性,段间调用使用 FAR 属性。在执行段内调用时,只改变当前指令指针 IP 寄存器的值;在执行段间调用时,不光要改变 IP 寄存器的值,还要改变代码段段寄存器 CS 的值。为了使用户方便,MASM 汇编程序规定用过程定义伪操作的类型属性来确定 CALL 和 RET 指令的属性,也就是说,如果所定义的过程是 NEAR 属性的,那么对它的调用和返回一定是 NEAR 属性的;如果所定义的过程是 FAR 属性的,那么对它的调用和返回一定也都是 FAR 属性的。这样,用户只需在定义过程时考虑它的属性而不必考虑 CALL 和 RET 的属性。

无论是段内还是段间调用,都有直接调用和间接调用两种形式,直接调用的指令形式为:

```
CALL 〈过程名〉
```

例如,CALL　SUBPRO,其中 SUBPRO 即为过程名。

间接调用的指令形式为:

```
CALL DST
```

DST 为数据寻址方式得到的有效地址,该地址的单元中存放有子程序的入口地址,例如,CALL　[BX]。

主程序在调用子程序时首先会自动将当前(IP)保存到堆栈中,在返回时自动恢复。如果是段内调用子程序,则会先将当前(IP)压入堆栈,再将子程序的入口偏移地址送入 IP 中,开始执行子程序,当执行到子程序末尾的 RET 指令时,再将保存于堆栈中的内容弹出送回 IP 中,以恢复主程序的继续运行;如果是段间调用子程序,则会先将当前的(CS)压入堆栈,再将当前的(IP)压入堆栈,然后将子程序的偏移地址送入 IP,再将子程序所在段的段地址送入 CS,执行子程序,在子程序结束返回时先恢复 IP,再恢复 CS。

过程的正确执行是由子程序的正确调用及正确返回保证的。为了保证其正确性,除了过程定义 PROC 的属性要正确选择外,还应该注意子程序运行期间有关寄存器的保存与恢复、子程序的变量传送方法等。这方面的内容,可参阅教科书的有关章节。

(3) 子程序调用技巧。

子程序的应用是比较灵活的,常用的技巧有(如图 1-9 所示):

① 子程序的重复调用:在主程序的不同位置调用同一个子程序的方法称为子程序的重复调用。

② 子程序嵌套:子程序再调用下一级子程序的程序结构形式称为子程序嵌套。

③ 子程序递归:子程序调用自身的过程称为递归。

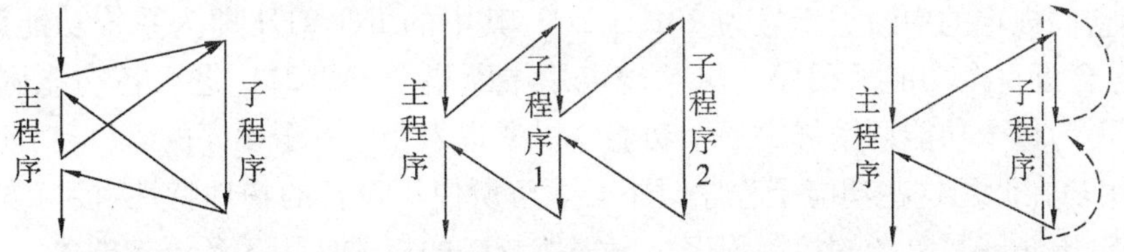

(a) 子程序的重复调用　(b) 子程序嵌套　(c) 子程序递归

图 1-9　子程序调用技巧

2. DOS 系统功能调用。

DOS 系统功能调用是采用中断的方式来实现的。

(1) 8086/8088 的中断操作。

当系统运行时为处理一些突发的情况,需要计算机自动执行一组专门的例行程序来处理,这种情况就称为中断(Interrupt),所执行的这组程序称为中断例行程序或中断服务子程序。8086/8088 微机系统中,中断操作可分为外部中断和内部中断两大类。外部中断又分为不可屏蔽中断和可屏蔽中断,前者主要由突然断电、系统故障等引起,后者主要用来处理 I/O 设备与 CPU 之间的通信;内部中断包括像运算过程中产生溢出或除法运算中除数为零引起的中断,或者由程序中设置的中断指令构成的软件中断来实现。

当 CPU 响应一次中断时,它和子程序调用时的操作类似,要把(IP)和(CS)保存入栈,除此之外,为了能全面地保存现场信息,以便在中断处理结束时返回现场,还需要把反映现场状态的标志寄存器(PSW)中的内容保存入栈,然后才能转到中断例行程序去执行。相应地,从中断返回时,除和子程序返回一样要恢复(IP)和(CS)以外,还需要恢复(PSW)。

中断指令的格式为:

INT〈中断类型号〉

每个中断类型号对应一个中断服务子程序,完成规定的中断服务功能。中断服务子程序的入口地址称为中断向量,因此,每个中断类型号实际上就对应于一个中断向量。在 8086/8088 微机系统的内存中,把 0 段的 0000 ~ 03FFH 区域(1K 字节)设置为一个中断向量表。每一个中断向量占 4 个存储单元,其中前两个单元存放中断服务子程序入口地址的偏移量(IP),后两个单元存放中断服务子程序入口地址的段地址(CS)。在中断向量表中,这些中断向量是按中断类型号从 0 开始由小到大顺序排列的。因此,中断向量在向量表中的存放地址可由中断类型号乘以 4 得到。例如,某类型号为 17H 的中断服务子程序存放在

2345：7890H 开始的内存区域中，2345：7890H 就是它的中断向量。而该中断向量在向量表中的存放地址则是由 17H＊4＝5CH 得到，即存放在 0000：005CH 开始的连续 4 个单元中。所以，0 段 005CH、005DH、005EH、和 005FH 这 4 个单元中的值分别为 90H、78H、45H 和 23H。要以中断方式来调用 17H 号中断服务子程序，只需使用指令 INT 17H 即可。向量表中最多可存放 256 个中断向量，对应的中断类型号为 0～0FFH（十进制 0～255）。

（2）系统功能调用。

系统功能调用是 MS-DOS 为用户提供的一组常用功能子程序，给用户编写汇编语言源程序带来了方便。系统中设置了几十个内部子程序，它们可以完成 I/O 设备管理、存储管理、文件管理和作业管理等功能。

在软件中断方式中，由系统提供的常用中断服务有 8 个，与此对应有 8 条软件中断指令，系统为它们规定的中断类型号为 20H～27H，其中的 INT 21H 即为系统功能调用指令，它本身又包含近百个功能子程序。DOS 规定用中断指令 INT 21H 进入各功能调用子程序的总入口，再为每个功能调用规定一个功能号以便进入相应各子程序的入口，功能号编号为 0～62H。用户在调用这些功能子程序时不必了解所使用设备的物理特性、接口方式及内存分配等细节，不必编写复杂的控制程序。只需按统一的格式使用 3 条语句即可：

① 在 AH 寄存器中存入所要调用功能的功能号。

② 根据所调用功能的规定设置入口参数（调用参数）。

③ INT 21H。

相应的子程序运行完后，可以按所调用功能的规定取得出口参数（返回参数）。需要说明的是，有的子程序不需入口参数，而有的子程序无出口参数。系统功能调用中详细的各功能号及其对应功能和入口参数、出口参数的情况见附录三。

例如，1 号功能调用为从键盘输入单字符并回显，此功能无入口参数，而功能子程序执行完后有出口参数在 AL 中。使用格式为

```
MOV   AH,1
INT   21H
```

当执行到 INT 21H 时，系统等待键盘输入，待用户按下任何一键，系统先检查是否为 Ctrl + Break 键，如果是则退出，否则将键入字符的 ASCII 码存入 AL 寄存器中，并同时在屏幕上显示该字符。

2 号功能调用为从屏幕显示输出单字符，此功能有入口参数但无出口参数，使用格式为

```
MOV     AH,2
MOV     DL,'A'
INT     21H
```

入口参数即是要显示的字符或字符的 ASCII 码，应先存入 DL 寄存器中（本例中为字符'A'），当执行到 INT 21H 时，该字符便从屏幕上显示输出。

3. 用子程序和系统功能调用实现数制转换实验原理。

数制及其转换是学习微机原理的基础，在目前微机原理课程中主要涉及二进制、十六进制和十进制之间的相互转换，以及这些数制和 ASCII 码、8421BCD 码之间的转换。

本实验主要任务是将键盘输入的十六进制数转换成十进制数并在屏幕上显示。程序设计要求采用子程序调用实现模块化结构形式，而键盘输入和屏幕输出通过 DOS 系统功能调

用来完成。

(1) 因程序不是很大,子程序(过程)的属性只需设置为段内调用。

(2) 键盘输入十六进制数后先转换成二进制数,用功能号为 1 的 DOS 系统功能调用,即从键盘接收单字符并回显。该功能接收到的是与输入键相应的 ASCII 码并存于 AL 寄存器中。因此程序设计时应对接收到的键值加判别和转换功能,如果输入键是 0 ~ 9 则将其 ASCII 码减去 30H,如果输入键是 a ~ f 则将其 ASCII 码减去 57H,使它们分别变为二进制数 0000 ~ 1111,然后存于某一寄存器(如 BX)中;如果都不是则表示输入有错,可使该寄存器清 0。当输入多位十六进制数时,应将 BX 中的二进制内容先左移 4 位,再将当前键入的内容加到 BX 的低 4 位上,以保证正确的位权。因为 BX 寄存器是 16 位的,所以最多只可输入 4 位十六进制数,否则最高 4 位将被移出寄存器而使数据不正确。

(3) 二进制数转换成十进制数并显示输出。因为 16 位二进制数的最大值是 0FFFFH,相应的十进制数最大值是 5 位数(65535),所以在转换成十进制数时可先将 BX 的内容除以 10000,得到的商即是十进制的万位数;再将余数除以 1000,得到的商为千位数;再将余数除以 100,……,以此类推,可依次得到十进制万、千、百、十、个位数。

屏幕显示使用功能号为 02H 的 DOS 系统功能调用,该功能是显示单字符,字符的ASCII 码由 DL 寄存器提供(即入口参数)。因此,要逐位将十进制数加 30H 转换成相应的 ASCII 码,送入 DL 中,再进行功能调用实现字符的显示。

三、实验内容

1. 采用模块化结构编写汇编语言源程序。

主要要求为:

(1) 程序的主要功能为将从键盘接收到的十六进制数转换成十进制数,并在屏幕上显示出来。具体要求为:程序启动后能输入 1 至 4 位十六进制数,以回车键结束输入并在输入十六进制数的下一行显示 5 位相应的十进制数,然后换行,等待重新输入。一旦输入的键不是数字“0 ~ 9”或字母键“a ~ f”则立即自动换行显示十进制数为 00000,等待重新输入。若输入的键是字母“q”则结束程序,返回操作系统。

(2) 将键值判别和转换成二进制的功能部分编成一个子程序。它先对从键盘接收到字符的 ASCII 码进行判别,如不是十六进制数码键则立即返回,否则将该键值转换成二进制数并按位权进行累加,然后等待输入下一键。

(3) 将二进制数按位转换成十进制数的 ASCII 码并进行显示的功能部分编成另一个子程序。

(4) 将换行、回车功能也单独编成一个子程序。

(5) 参考流程图如图 1-10 所示。

2. 建立和编辑源程序,然后对源程序进行汇编、连接,产生可执行文件。

3. 运行程序,输入 10 组十六进制数和 5 组其他任意键,记录显示结果。

四、实验仪器与器件

1. 硬件设备:微型计算机一台(CPU 80486 以上,内存 32MB 以上,硬盘 1GB 以上)。

2. 软件设备：Windows 98/2000/XP 操作系统、MASM 宏汇编程序、LINK 连接程序。

五、实验报告要求

1. 列出本实验程序的原理、流程图和汇编语言源程序清单。

2. 说明程序的基本结构，包括程序中各部分的功能，以及所用的主要符号和寄存器的功能。

3. 记录上机调试过程和调试过程中遇到的问题是如何解决的。

4. 记录和分析实验结果。

六、实验预习要求

1. 掌握指令系统中过程定义伪操作的构成形式和过程的应用范围，子程序的基本结构和调用方法。

2. 了解有关 DOS 系统功能调用的使用方法，熟练掌握其中键盘输入和显示输出的功能调用方法，熟悉每个功能的入口参数、出口参数以及调用的功能号。

3. 充分预习并熟练掌握数制及其相互转换的原理。

4. 根据实验内容的要求画出详细的流程图，编写出汇编语言源程序。

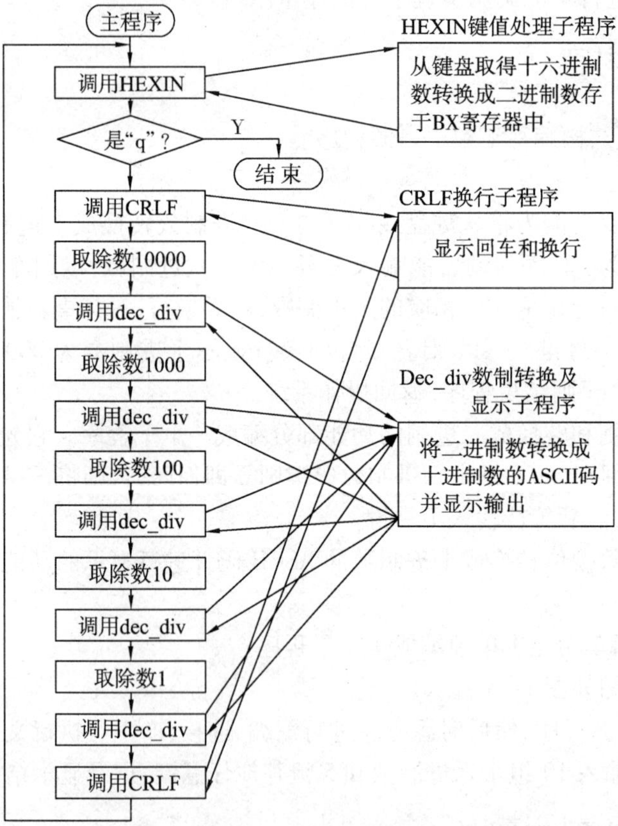

图 1-10　十六进制到十进制数转换的程序结构

七、实验参考程序

```
;数制转换程序
        DISPLAY   EQU     2H          ;定义显示功能号
        KEYIN     EQU     1H          ;定义键输入功能号
CODE    SEGMENT                       ;代码段
;------------------------------------------------------------------------
;主程序
MAIN    PROC      FAR
        ASSUME    CS：CODE
START：
        PUSH      DS
        SUB       AX,AX
        PUSH      AX
        CALL      HEXIN               ;调用键盘输入及转换成二进制数的子程序
        CMP       AL,71H              ;(AL)与"q"比较
        JE        QUIT                ;若相等则退出
        CALL      CRLF                ;调用换行命令子程序
        MOV       CX,10000D           ;取除数 10000
        CALL      DEC_DIV             ;调用子程序,取十进制的万位数并显示
        MOV       CX,1000D            ;取除数 1000
        CALL      DEC_DIV             ;调用子程序,取十进制的千位数并显示
        MOV       CX,100D             ;取除数 100
        CALL      DEC_DIV             ;调用子程序,取十进制的百位数并显示
        MOV       CX,10D              ;取除数 10
        CALL      DEC_DIV             ;调用子程序,取十进制的十位数并显示
        MOV       CX,1D               ;取除数 1
        CALL      DEC_DIV             ;调用子程序,取十进制的个位数并显示
        CALL      CRLF
        JMP       START               ;重复以上过程
QUIT：  RET                           ;返回操作系统
MAIN    ENDP                          ;主程序结束
;------------------------------------------------------------------------
;键盘输入十六进制数并转换成二进制数子程序
HEXIN     PROC    NEAR
          MOV     BX, 0             ;BX 寄存器清零
NEWCHA：  MOV     AH, KEYIN         ;键盘输入并回显功能调用
          INT     21H
          CMP     AL,30H            ;接收到的 ASCII 字符与 30H 比较
          JL      EXIT              ;如码值小于 30H 则为非数字码,退出
          CMP     AL,39H            ;与 39H 比较
          JLE     ADD_TO            ;如码值小于或等于 39H,则为数字码,转移
```

```
        CMP    AL,61H        ;与61H比较
        JL     EXIT          ;如码值小于61H,则不是a~f的码值,退出
        CMP    AL,66H        ;与66H比较
        JG     EXIT          ;如码值大于66H,则不是a~f的码值,退出
        SUB    AL,27H        ;将a~f的码值减27H
ADD_TO: SUB    AL,30H        ;将AL的值减去30H,转换成二进制数码
        MOV    CL,4
        SHL    BX,CL         ;BX内容左移4位
        MOV    AH,0
        ADD    BX,AX         ;将AL值加至BX的低4位
        JMP    NEWCHA        ;继续输入下一键
EXIT:   RET
HEXIN   ENDP
;------------------------------------------------------------------
;提取十进制数中的一位转换成数字的ASCII码并显示子程序
DEC_DIV PROC   NEAR
        MOV    AX,BX         ;将BX内容送AX作为被除数低位字
        MOV    DX,0          ;将0送DX作为被除数的高位字
        DIV    CX            ;除以倍率系数
        MOV    BX,DX         ;余数送回BX
        MOV    DL,AL         ;整数商送DL
        ADD    DL,30H        ;DL内容加30H,转换成ASCII码
        MOV    AH,DISPLAY    ;显示输出功能调用
        INT    21H
        RET
DEC_DIV    ENDP
;------------------------------------------------------------------
;换行命令子程序
CRLF    PROC   NEAR
        MOV    DL,0AH        ;换行的ASCII码送DL
        MOV    AH,DISPLAY
        INT    21H           ;换行
        MOV    DL,0DH        ;回车的ASCII码送DL
        MOV    AH,DISPLAY
        INT    21H           ;回车
        RET
CRLF    ENDP
;------------------------------------------------------------------
CODE    ENDS                 ;代码段结束
        END    START
;------------------------------------------------------------------
```

【提高篇】

1. 修改程序,实现能分别将输入的十六进制数、二进制数和八进制数转换成十进制数进行显示。

2. 设计一程序,使其能将输入的十进制数分别在屏幕上显示为二进制、十六进制和八进制的 3 种数字,画出流程图、写出程序。

3. 从键盘输入 2 个字符串,并判断一字符串是否为另一字符串的子串。若是,就在屏幕上显示"YES";若不是,则在屏幕上显示"NO"。

实验 1.5　逻辑运算和端口操作的编程

【基础篇】

一、实验目的

1. 掌握逻辑运算指令的原理和常见的用途。
2. 进一步理解端口的概念,掌握 I/O 端口操作指令的使用方法。
3. 进一步熟悉子程序的编写方法和编程技巧。

二、实验原理

1. 输入/输出端口的概念。

在微机系统中,输入/输出的操作是由 I/O 接口实现的,每种输入或输出设备都要通过一个硬件接口或控制器与 CPU 相连接。例如,磁盘通过磁盘控制器和 CPU 连接起来;终端显示器通过数据接口和 CPU 连接起来等。

计算机与外部设备之间进行信息交换是通过接口电路中的若干寄存器实现的,其中有控制寄存器、状态寄存器、双向数据缓冲寄存器等,CPU 通过这些寄存器向外部设备发送控制信号、读取外设的状态信息、向外设输出数据或接收由外设输入给 CPU 的数据等。微机系统中存在着存储器地址空间和输入/输出地址空间,我们知道存储器的每个字节单元占用存储器地址空间中的一个地址号;在输入/输出地址空间中,占用每个输入/输出地址的接口寄存器称为输入/输出端口,简称为端口(PORT),每个端口能够传递 8 位信息(1 个字节)。每一个外部接口电路中,往往含有多个寄存器,因此它需要占用多个端口地址。

2. 输入/输出指令。

CPU 可以从端口读入数据,也可以向端口输出数据。对于 8086 微处理器,CPU 从端口读入数据的指令称为输入指令,助记符为 IN;CPU 从端口输出数据的指令称为输出指令,助记符为 OUT。指令的一般格式为:

```
IN      ACC,SRC          ;从指定端口输入数据至累加器
```

```
OUT    DST,ACC          ;将累加器中的内容传送至指定端口
```

其中,ACC 表示为累加器。

IN 指令中的目的操作数和 OUT 指令中的源操作数的寻址方式均为寄存器寻址,而且必须使用累加器,也就是说,字节操作时为 AL,字操作时为 AX。IN 指令中的源操作数 SRC 和 OUT 指令中的目的操作数 DST 都用来指示端口地址。

端口的寻址方式有两种,一种是直接端口寻址方式,即在指令中直接写出端口的地址数值或能求出地址值的表达式。对于直接端口寻址方式有一点限制,就是端口地址值不能大于 255(0FFH)。另一种是用寄存器间接寻址,其中间址寄存器必须使用 DX 寄存器,端口地址可在 0 ~ 65535(0FFFFH)之间。

3. 逻辑运算指令及其在程序设计中的应用。

80X86 系列 CPU 指令系统中的逻辑运算指令主要有 AND(逻辑与)、OR(逻辑或)、NOT(逻辑非)、XOR(逻辑异或)和 TEST(测试)指令。

以上 5 条指令中,NOT 是单操作数指令,操作数不允许使用立即数;其他 4 条指令为双操作数指令,有源操作数和目的操作数,除非源操作数是立即数,至少要有一个操作数必须放在寄存器中,另一个操作数则可以使用任意一种寻址方式。另外,TEST 指令也进行逻辑“与”运算,但不保存运算结果至目的操作数中。

逻辑运算可以对字或字节进行操作,且逻辑运算是按位进行操作的,这些指令对于处理操作数的某些位很有用。例如,要屏蔽某一字节(如 0BFH)的第 0、1 两位,可用 AND 指令并将要处理的操作数放入寄存器或存储单元中作为目的操作数。设置源操作数为常数 0FCH,指令为

```
                        1011  1111
MOV   AL,0BFH
AND   AL,0FCH        ∧  1111  1100
                     ---------------
                        1011  1100
```

这两条指令执行的结果使(AL) = 0BCH,也就是说 AL 中最低两位变为 0,其余位不变。所以 AND 指令可以使目的操作数的某些位被屏蔽,方法是将指令的源操作数设置成一个立即数,且将该立即数中对应于目的操作数中需要屏蔽的相应位置为 0,其余位置为 1 即可。

如要使一个操作数的某些位变反,可以使用 XOR 指令,方法与上例类似,只要在 XOR 指令的源操作数中把要屏蔽的相应位置为 1,其余位置为 0 即可实现。如将字节 0BFH 的第 1 位和第 6 位变反可使用指令

```
                        1011  1111
MOV   AL,0BFH
XOR   AL,42H         ⊻  0100  0010
                     ---------------
                        1111  1101
```

这两条指令运行后的结果使(AL) = 0FDH,达到了第 1、6 两位变反而其余位不变的目的。

若要测试一个操作数的某些位是否为 0,可以用 TEST 指令,只要把 TEST 指令的源操作数设置成一个立即数,其中需要对目的操作数测试的相应位置 1。如测试 AL 中的字节第 0、1、2、3、5、7 位是否全为 0,指令为

```
                        0100  0000
MOV   AL,40H
TEST  AL,0AFH        ∧  1010  1111
                     ---------------
                        0000  0000
```

根据测试结果影响标志位,CF = OF = 0,SF = 0,ZF = 1。

ZF = 1 说明运算结果为 0,也就表示测试的这些位全为 0,因为只要其中有一位不为 0,运算后的结果就不可能为 0。

同样的道理,我们可以用 OR 指令对某些位置 1,其余位不变。如要求将某字节的第 5 位置 1,可以用 OR 指令,并且设置立即数 20H 与目的操作数相或,指令为

```
MOV   AL,43H              0100 0011
OR    AL,20H           ∨  0010 0000
                       ------------
                          0110 0011
```

运算结果(AL) = 63H。

4. 使用 I/O 指令直接在端口上进行输入/输出数据的方法。

例如,通过端口操作直接控制机内扬声器发出声音。通常,一个外设的数据端口是 8 位的,而状态与控制信息只需要 1 位或 2 位,所以不同外设的状态和控制位可共用一个端口寄存器。86 系列微机中 61H 端口的第 0、1 位是控制扬声器的,2 ~ 7 位分别控制其他外部设备,如图 1-11 所示。

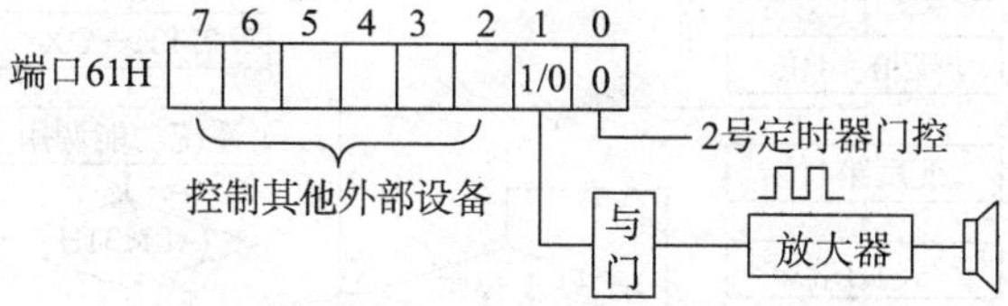

图 1-11　61H 端口对扬声器的控制

程序可以通过 I/O 指令使设备控制寄存器(I/O 端口地址为 61H)的第 1 位交替为 0 和 1,而该位是和扬声器的脉冲门相连的。当该位由 0 变为 1,延时一会又由 1 变为 0 时,脉冲门就先打开后关闭,产生一个脉冲信号,经放大后送到扬声器发出声音。61H 端口的第 0 位和一个振荡器(2 号定时器)相连,现在不用振荡器产生声音,所以可把第 0 位置 0。

程序设计方法如下:

(1) 程序中用 IN AL,61H 指令取得设备控制寄存器的开关量,然后再用 AND 指令将第 0 位和第 1 位置 0,2 ~ 7 位保持不变,接下来再用 XOR 指令将第 1 位置 1,然后把这个开关量输出到 61H 端口以控制接通扬声器。

(2) 采用循环程序结构,XOR 指令安排在循环体中,当第二次循环执行 XOR 指令时,第 1 位又由 1 变为 0,也就是关闭了扬声器,第三次循环执行 XOR 指令时,第 1 位又由 0 变为 1,……,这样在脉冲电流的作用下,扬声器就连续发出声音。

(3) 程序中要安排延时功能来控制脉冲门的开关时间,如

```
        MOV     CX,100H
WAIT1:  LOOP    WAIT1
```

该时间值是可以改变的,这里设了一个固定的值 100H,因此扬声器接通和关闭的时间间隔总是相同的,发出的声音也就是一个没有频率变化的纯音。

(4) 通过子程序来接收键盘输入命令,控制声音的开关。在系统功能调用 INT 21H 中,当功能号 AH = 6 时,为直接控制台 I/O 状态,若再设置调用参数 DL = 0FFH,系统则处于键盘输入状态,当按下一个键时,累加器 AL 中的内容就等于输入字符的 ASCII 码值,程序可

以通过对该值的判别实现对扬声器开关的控制。

三、实验内容

1. 编写汇编语言源程序。

主要要求如下:

(1) 程序的主要功能:用输入、输出指令和逻辑运算指令对61H端口的控制寄存器进行操作,使扬声器发出声音。另外设定三个操作键(如数字键1、2和3),当按下其中的任一个键时分别起到关闭声音、开启声音和结束程序的作用。

(2) 将接收键值的功能设计成一个子程序,在该子程序中用功能号为6的系统功能调用来实现键值的接收。

(3) 参考流程图如图1-12所示。

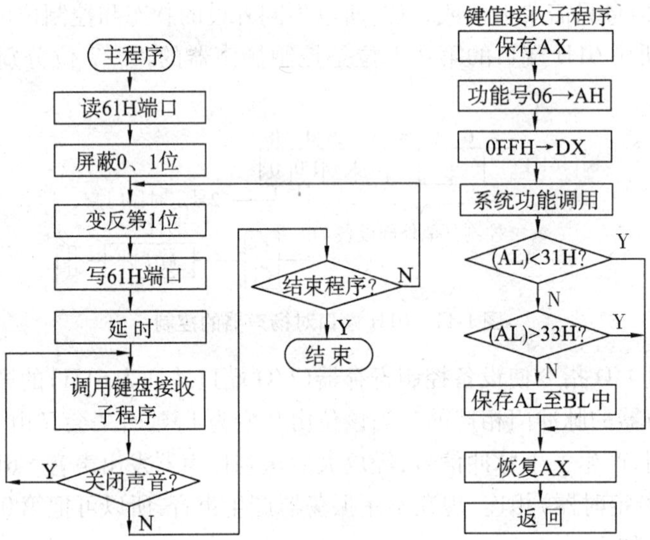

图1-12 程序流程图

2. 建立和编辑源程序,然后对源程序进行汇编、连接,产生可执行文件。

3. 运行程序,分别按下程序中设定的"关闭声音"、"开启声音"和"结束程序"键,记录实验结果。

四、实验仪器与器件

1. 硬件设备:微型计算机一台(CPU 80486以上,内存32MB以上,硬盘1GB以上)。

2. 软件设备:Windows 98/2000/XP操作系统、MASM宏汇编程序、LINK连接程序。

五、实验报告要求

1. 列出本实验程序的原理、流程图和汇编语言源程序清单。

2. 说明程序的基本结构,包括程序中各部分的功能,以及所用的主要符号和寄存器的功能。

3. 记录上机调试过程和调试过程中遇到的问题是如何解决的。

4. 记录和分析实验结果。

六、实验预习要求

1. 掌握指令系统中各种逻辑运算指令的使用方法和常见的主要用途,掌握输入/输出端口的基本概念和端口操作指令 IN 和 OUT 的使用方法 。

2. 进一步复习子程序的基本结构和调用方法、循环程序的使用技巧。

3. 熟悉有关 DOS 系统功能调用的使用方法,熟练掌握其中各种键盘输入的功能调用方法,熟悉每个功能的入口参数、出口参数以及调用的功能号。

4. 根据实验内容的要求画出流程图,编写出汇编语言源程序。

七、实验参考程序

```
CODE    SEGMENT                         ;代码段
;--------------------------------------
;主程序
MAIN    PROC        FAR                 ;主程序定义为一过程
        ASSUME      CS: CODE,DS: CODE
        PUSH        DS
        SUB         AX,AX
        PUSH        AX
START:  IN          61H                 ;读 61H 端口
        AND         AL,11111100B        ;屏蔽第 0、1 位
SOUND:  XOR         AL,2                ;变反第 1 位
        OUT         61H,AL              ;写 61H 端口
        MOV         CX,140H
WAIT1:  LOOP        WAIT1               ;延时
RECV:   CALL        KEYREAD             ;调用键值接收子程序
        CMP         BL,32H              ;是否"关闭声音"键
        JE          RECV                ;若关闭声音,直接转至 RECV 标号
        CMP         BL,33H              ;是否"结束程序"键
        JZ          EXIT                ;若结束程序,转至 EXIT
        JMP         SOUND               ;开启声音,转至 SOUND
EXIT:   RET
MAIN    ENDP
;--------------------------------------
;键值接收子程序
KEYREAD PROC   NEAR
        PUSH   AX                       ;保存 AX
        MOV    AH,06H                   ;设置调用功能号为 6
        MOV    DL,0FFH                  ;使直接控制台 I/O 为输入状态
        INT    21H                      ;系统功能调用
        CMP    AL,31H                   ;键值小于 31H、大于 33H 为无效
```

```
            JB      NOD
            CMP     AL,33H
            JA      NOD
            MOV     BL,A                        ;若键值有效,保存新键值至 BL
NOD:        POP     AX                          ;恢复 AX
            RET                                 ;返回主程序
KEYREAD     ENDP
;--------------------------------------
CODE        ENDS                                ;代码段结束
            END     START
```

【提高篇】

1. 系统功能调用 INT 21H 中能否使用功能号为 01H、07H、08H 或 0AH 的键盘输入功能？为什么？

2. 修改程序,将键值接收子程序编写成中断服务子程序,自己选定合适的中断类型号,并在向量表中设置好该中断子程序的入口地址,主程序通过中断指令来调用键值接收子程序,从而实现对扬声器的控制。

第二章　MCS-51 单片机汇编语言程序设计

实验 2.1　顺序程序设计

【基础篇】

一、实验目的

了解 MCS-51 单片机汇编语言程序结构、设计与调试过程，熟悉集成开发环境。

二、实验原理

顺序程序是指程序中没有使用转移类指令的程序段，机器执行这类程序时也只需按照先后顺序依次执行，中间不会有任何分支、循环，也无子程序调用发生。在这类程序中，主要以使用数据传送指令、算术/逻辑运算类指令为主，程序的结构比较简单，但能解决某些实际问题或可以成为复杂程序的某个组成部分。

程序设计过程中，首先要正确理解所要解决问题的要求，然后要认真选择算法，最后要正确运用指令和寻址方式来实现算法。对于初学者来说，由于上机机会少，会觉得汇编语言程序阅读容易编程难。好不容易编写的程序却无法汇编成功，有时汇编出现的错误甚至比源程序还长。在上机进行单片机汇编语言编程时常见的错误有：

(1) 源文件存盘时，忘记扩展名 ASM。

(2) 数值#FFH 前遗漏 0。根据要求应该在 A ~ F 前加 0，写成# 0FFH。

(3) 字母 o 和数字 0 搞混；字母 I 和数字 1 混淆。

(4) 标号后边遗漏“:”。

(5) 两个操作数之间遗漏“,”。

(6) 标点符号以全角方式输入。MCS-51 程序要求标点符号为半角方式，否则汇编失败。可以在输入“:”、“,”、“;”时切换到半角方式，或者在大写状态输入标点符号。这也是很容易犯而且不容易发觉的错误。

(7) 标号使用了特殊字符。例如，C、A、B、T1，这些有特定含义的字符，不允许用于标号。

(8) 创造发明不存在的汇编语言指令，这种指令汇编程序不支持。

(9) 标号重复。常见于复制、粘贴程序时忘记修改标号，造成出现多个相同的标号，标号是不允许重复的。

(10) JB P1.2,EXIT 跳转超过 -128 ~ +127 个字节地址范围。这个是最容易出现的错误，有可能程序刚才还能汇编编译成功，加了一段程序后就提示出错了，可以把

```
JB P1.2,EXIT
```

转换成

```
        JNB P1.2,LLL
        AJMP EXIT
LLL:
```

(11) AJMP 跳转超过 2K 地址。AJMP 属于短跳转命令,有 2K 地址范围的限制。

在上机调试程序时,一定要注意在源程序末尾加上 SJMP $等死循环(简称踏步)指令,或者干脆采用程序末尾设置断点的调试方法。如果不附加踏步指令,当最后一条指令执行完后,PC 还会继续加 1,指向程序下面的单元,但此单元存放的是随机的二进制码,把它当做指令操作码并执行,很容易引起死机(或称程序跑飞)。源程序中的 END 属于伪指令,没有相应的机器码,其作用仅仅是告诉汇编程序,将某段源程序翻译成机器码的工作到此为止。也就是说,它是提供给编译系统的结束命令,而不是提供给 CPU 执行指令的结束命令。

三、实验内容

有两个四字节压缩 BCD 码,一个存放在 30H ~ 33H 单元中,另一个存放在 40H ~ 43H 单元中。求它们的和,结果放在 50H ~ 54H 单元中。

四、软件流程图

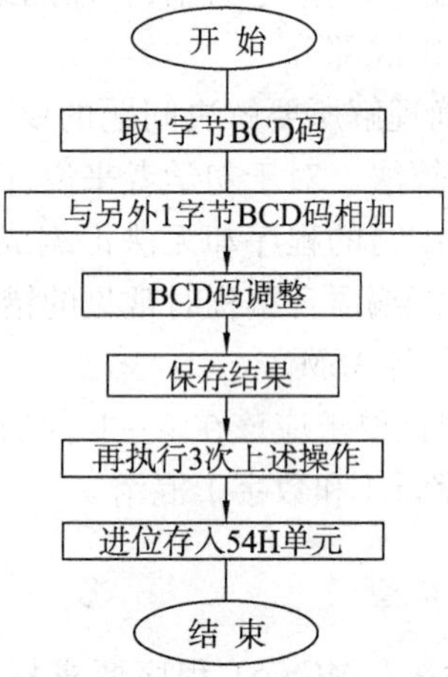

图 2-1　8 位 BCD 码相加

五、实验仪器与器件

1. 硬件设备:微型计算机一台(CPU 80486 以上,内存 32MB 以上,硬盘 1GB 以上)。
2. 软件设备:Windows 98/ME 操作系统、MCS-51 集成开发环境。

六、实验报告要求

1. 列出本实验程序的目的、内容、流程图和汇编语言源程序清单。
2. 列出程序从源程序编辑到最后调试的各个步骤。
3. 分析实验结果。

七、实验预习要求

1. 充分预习汇编语言指令,特别是要熟悉数据运算类指令的功能和使用方法。

2. 熟悉完整的汇编语言源程序的组成格式。

八、实验参考程序

```
        ORG 0000H
        LJMP START
        ORG 0030H
START:  MOV   A, 30H      ;取 1 字节 BCD 码
        ADD   A, 40H      ;与另外 1 字节 BCD 码相加
        DA    A           ;BCD 码调整
        MOV   50H, A      ;保存结果
        MOV   A, 31H
        ADDC  A, 41H
        DA    A
        MOV   51H, A
        MOV   A, 32H
        ADDC  A, 42H
        DA    A
        MOV   52H, A
        MOV   A, 33H
        ADDC  A, 43H
        DA    A
        MOV   53H, A
        MOV   A, #0       ;进位存入 54H 单元
        ADDC  A, #0
        MOV   54H, A
        SJMP  $
        END
```

【提高篇】

1. 编写程序实现两个压缩 BCD 码相减。

2. 拆字程序。将内部数据存储单元 40H 单元中的 8 位二进制数拆开,高 4 位存入 41H 单元,低 4 位存入 42H 单元,41H、42H 单元的高 4 位清 0。

3. 将 30H 和 31H 两个存储单元数据的高 4 位互换,低 4 位保持不变。

实验 2.2　数制转换

【基础篇】

一、实验目的

掌握数制转换的原理与方法。

二、实验原理

人们日常生活中使用的是十进制数,而计算机内部操作都是二进制数,键盘输入和数据输出显示常采用的是 BCD 码或 ASCII 码。因此,各种代码之间经常需要进行转换。代码转换可以用硬件实现,也可以用软件实现,程序设计中常采用算法处理或查表方式。

微型计算机中涉及的代码主要有 3 种:二进制数(或十六进制数)、BCD 码和 ASCII 码。因为二进制数及其编码是计算机运算的基础,计算机惟一能识别的数是二进制数,计算机的指令、数据、字符、地址均用二进制数表示。为了书写方便、读数直观,引入了十六进制数。因为生活中人们习惯用十进制数,所以引入了 BCD 码。对于键盘上的各种符号,在计算机内的表示方法是世界统一的,采用 ACSII 码,这种代码在数据通信时也常常使用。

BCD 码是以二进制数表示十进制数的编码,包括压缩 BCD 码和非压缩 BCD 码两种形式。压缩 BCD 码指的是用一个字节表示 2 位十进制数,其特点是 4 位内为二进制关系,两个 4 位之间为十进制关系;非压缩 BCD 码指的是用一个字节表示 1 位十进制数。单片机中的加法指令完成的是二进制数的相加,两个 BCD 码相加的结果可能不再是 BCD 码,而是十六进制数。想要得到正确的结果,就必须在加法指令后面跟上 BCD 码调整指令“DA A”。

ASCII 码是美国标准信息交换编码,它是一种对字符的编码。为计算机中 100 多个字母、符号(包括常用键盘控制符)规定了指定的 7 位二进制数。如数字“0”的 ASCII 码为 30H,大写字母“A”的 ASCII 码为 41H,小写字母“a”的 ASCII 码为 61H。

了解 3 种编码各自的特点之后,编程实现数制、编码之间的转换就不难了。

三、实验内容

1. 将 00H ~ 0FFH 范围内的二进制数转换为 BCD 码(0 ~ 255)。
2. 将 2 位压缩 BCD 码转换成二进制数。
3. 将 1 位十六进制数转换成 ACSII 码。

四、软件流程图

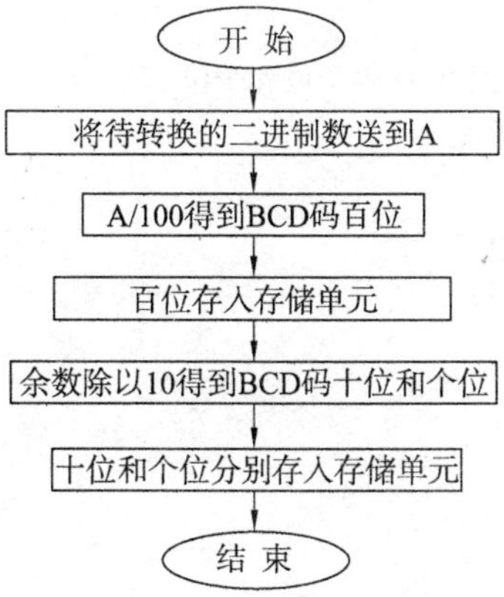

图 2-2　二进制数转换成BCD码

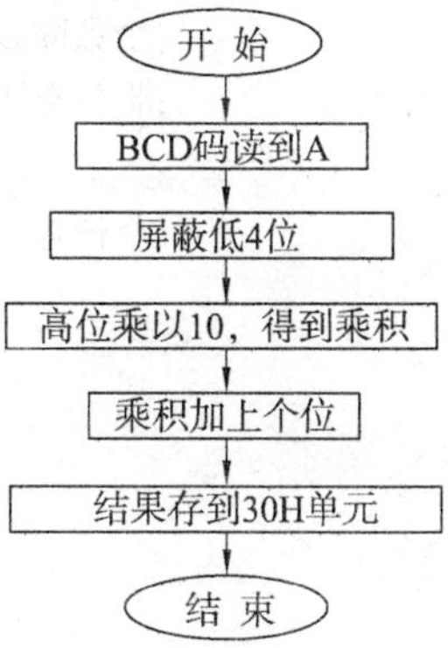

图 2-3　BCD码转换成二进制数

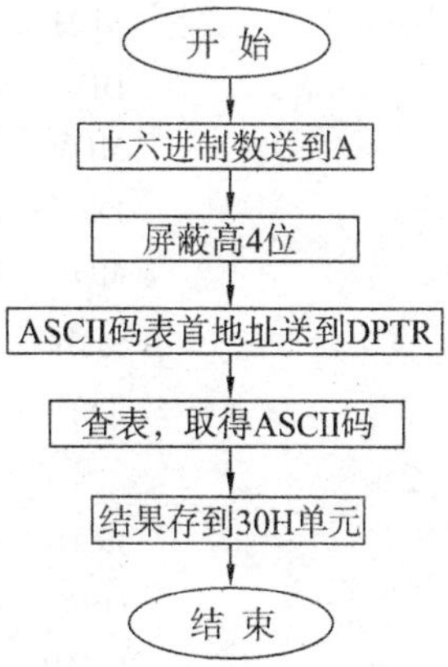

图 2-4　十六进制数转换成ASCII码

五、实验仪器与器件

1. 硬件设备：微型计算机一台(CPU 80486 以上，内存 32MB 以上，硬盘 1GB 以上)。
2. 软件设备：Windows 98/ME 操作系统、MCS-51 集成开发环境。

六、实验报告要求

1. 列出本实验程序的目的、内容、流程图和汇编语言源程序清单。
2. 列出程序从源程序编辑到最后调试的过程。

七、实验预习要求

1. 充分预习汇编语言指令，特别是要熟悉算术、逻辑操作类指令的功能。
2. 预习编码转换原理。

八、实验参考程序

1.

```
        DAT1    EQU 0FFH
        ORG     0000H
        LJMP    MAIN
        ORG     0030H
MAIN:   MOV     30H,#DAT1
        MOV     R0,#30H
        MOV     A,@R0               ;二进制数送到 A
        MOV     B,#100
        DIV     AB                  ;A 的内容除以 100 得到 BCD 码百位
```

```
        MOV   @R0,A             ;百位存入存储单元
        INC   R0
        MOV   A,#10
        XCH   A,B
        DIV   AB                ;余数除以 10 得到 BCD 码十位和个位
        MOV   @R0,A             ;十位存入存储单元
        INC   R0
        MOV   @R0,B             ;个位存入存储单元
        SJMP  $
        END
```

2.

```
        BCD1  EQU 36H
        ORG   0000H
        LJMP  MAIN
        ORG   0030H
MAIN:   MOV   A,# BCD1          ;BCD 码读到 A
        MOV   R2,A
        ANL   A,# 0F0H          ;屏蔽低 4 位
        SWAP  A
        MOV   B,#10
        MUL   AB                ;高位乘以 10
        MOV   R3,A
        MOV   A,R2
        ANL   A,# 0FH
        ADD   A,R3              ;乘积加上个位
        MOV   30H,A             ;结果存到 30H 单元
        SJMP  $
        END
```

3.

```
        HEX   EQU 07H
        ORG   0000H
        LJMP  MAIN
        ORG   0030H
MAIN:   MOV   A,#HEX            ;十六进制数送到 A
        ANL   A,# 0FH
        MOV   DPTR,#ASCTAB
        MOVC  A,@ A + DPTR      ;查表,取得 ASCII 码
        MOV   30H,A             ;结果存到 30H 单元
        SJMP  $
ASCTAB: DB 30H,31H,32H,33H,34H
        DB 35H,36H,37H,38H,39H
        DB 41H,42H,43H,44H,45H,46H
```

END

【提高篇】

1. 将 0 ~ F 的 ASCII 码转换为二进制数。
2. 将 1 位十进制数转换成共阳极 LED 数码块的七段码。

实验 2.3　分支程序设计

【基础篇】

一、实验目的

掌握分支程序设计的特点与方法。

二、实验原理

分支程序的特点是程序中含有转移指令。由于转移指令有无条件转移和条件转移之分,因此分支程序也可以分为无条件分支程序和条件分支程序两类。无条件分支程序很简单;条件分支程序相对来说较复杂也较为普遍。

条件分支程序体现了计算机执行程序时的分析判别能力:若某种条件满足,则机器就转移到另一分支上执行;若条件不满足,则机器就按原程序顺序继续执行。在 MCS-51 指令系统中,条件转移指令共有 13 条,分为累加器 A 判零条件转移、比较条件转移、减 1 条件转移和位控制条件转移 4 类。因此,分支程序设计实际上就是如何正确运用这 13 条转移指令来进行编程的问题。

分支结构程序分为单分支程序和多分支程序。

三、实验内容

1. 判断 ACC.7 是否为 1,若为 1 则将 30H 单元设置为 0FFH,否则将 30H 单元设置成 88H。

2. $Y=\begin{cases}-1 & X<0\\ 0 & X=0\\ 1 & X>0\end{cases}$

3. 编写程序将数据表的内容送到 20H ~ 2FH 存储单元,然后将这 10H 个单元加上奇校验位。

四、软件流程图

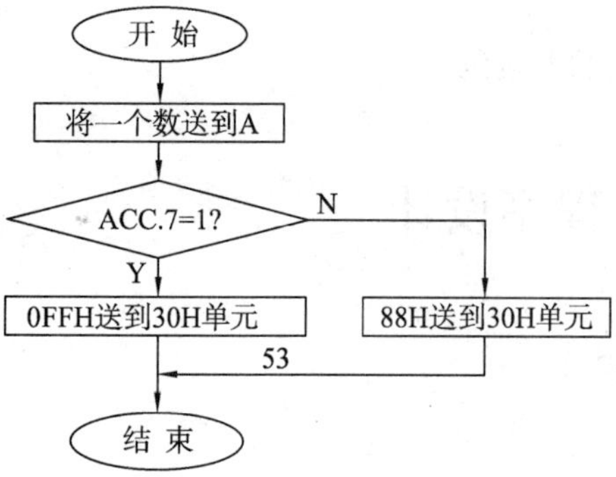

图 2-5　实验内容 1 流程图

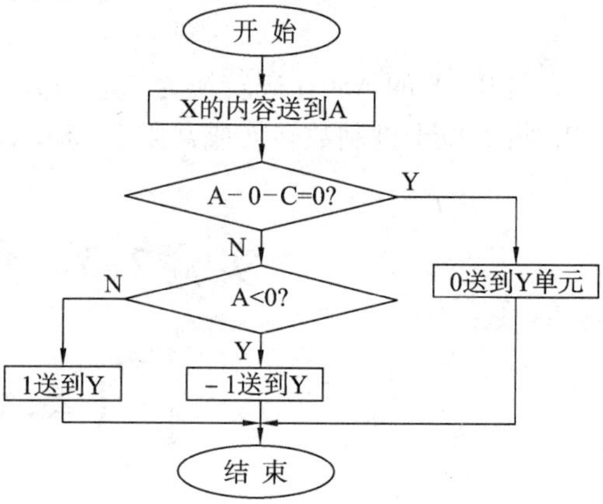

图 2-6　实验内容 2 流程图

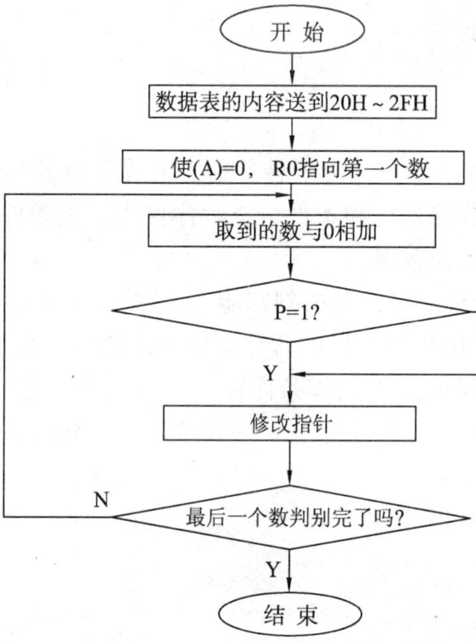

图 2-7　实验内容 3 流程图

五、实验仪器与器件

1. 硬件设备：微型计算机一台（CPU 80486 以上，内存 32MB 以上，硬盘 1GB 以上）。
2. 软件设备：Windows 98/ME 操作系统、MCS-51 集成开发环境。

六、实验报告要求

1. 列出本实验程序的目的、内容、流程图和汇编语言源程序清单。
2. 列出程序从源程序编辑到最后调试的过程。

七、实验预习要求

1. 充分预习汇编语言指令,特别是转移操作类指令的功能。
2. 预习分支程序设计原理。

八、实验参考程序

1.

```
DAT     EQU    66H
        ORG    0000H
MAIN:   MOV    A,#DAT          ;将一个数送到 A
        JNB    ACC.7,L0        ;ACC.7 = 1 吗? 不是,转到 L0
        MOV    30H,#0FFH       ;0FFH 送到 30H 单元
        AJMP   EXIT
L0:     MOV    30H,#88H        ;88H 送到 30H 单元
EXIT:   SJMP   $
        END
```

2.

```
X       EQU    36H
Y       EQU    37H
        ORG    0000H
MAIN:   MOV    X,#15H          ;X 的内容送到 A
        MOV    A,X
        CLR    C
        SUBB   A,#0            ;A - 0 - C = 0?
        JZ     L0
        JNB    ACC.7,L1
        MOV    Y,#-1           ;-1 送到 Y 单元
        AJMP   EXIT
L0:     MOV    Y,#0            ;0 送到 Y 单元
        AJMP   EXIT
L1:     MOV    Y,#1            ;1 送到 Y 单元
EXIT:   SJMP   $
        END
```

3.

```
BUF     EQU    20H
        ORG    0000H
MAIN:   MOV    R0,#BUF         ;数据表的内容送到 20H ~ 2FH
        MOV    R7,#10H
        MOV    A,#0
        MOV    DPTR,#TAB
```

```
L1:     MOVC  A,@A+DPTR
        MOV   @R0,A
        CLR   A
        INC   DPTR
        INC   R0
        DJNZ  R7,L1
        MOV   R0,#BUF        ;R0 指向第一个数
L2:     MOV   A,#0           ;使(A)=0
        ADD   A,@R0
        JB    P,L3           ;P=1?
        ORL   A,#80H         ;加上奇校验送回原单元
        MOV   @R0,A
L3:     INC   R0             ;修改指针
        CJNE  R0,#30H,L2     ;最后一个数判别完了吗?
        SJMP  $
TAB:    DB 12H,34H,41H,7FH,64H,1FH,4DH,3AH
        DB 65H,5EH,7AH,62H,5BH,2DH,77H,55H
        END
```

【提高篇】

1. 设无符号数 X、Y 分别存放在内部 RAM 40H、41H 和 42H、43H 中,试编写求|X－Y|的程序。

2. 比较 3 个无符号数的大小,按从小到大的顺序依次放在 50H、51H、52H 单元中。

实验 2.4　循环程序设计

【基础篇】

一、实验目的

掌握循环程序设计的特点与方法。

二、实验原理

所谓循环程序是指计算机反复执行某一段程序,这个程序段通常被称为循环体。循环程序是在一定条件控制下进行的,该条件决定是继续执行循环还是结束循环。程序循环是通过条件转移指令进行控制的。

循环程序的结构一般包括以下几个方面:

(1) 置循环的初值。用于循环程序的工作单元,在循环开始时应置初值。例如,工作寄

存器设置计数初值、累加器 A 清零,以及设置地址指针、长度等。

(2) 循环体。重复执行的程序段,是循环程序的实体。

(3) 修改控制变量。循环程序中,必须设置有循环控制条件。常见的是计数循环,用一个寄存器或内部 RAM 单元作为计数器,循环次数作为初值赋给这个计数器,每循环一次,令其减 1,即修改循环控制变量,当计数器减为 0 时,就结束循环。

(4) 循环控制部分。根据循环控制条件,判断是否结束循环。MCS-51 中可采用 DJNZ 指令来自动修改控制变量并结束循环。

上述 4 个部分有两种组织形式：先循环后判断和先判断后循环。

三、实验内容

统计数组中正数、负数和零的个数,并将它们分别存到 30H、31H 和 32H 单元。

四、软件流程图

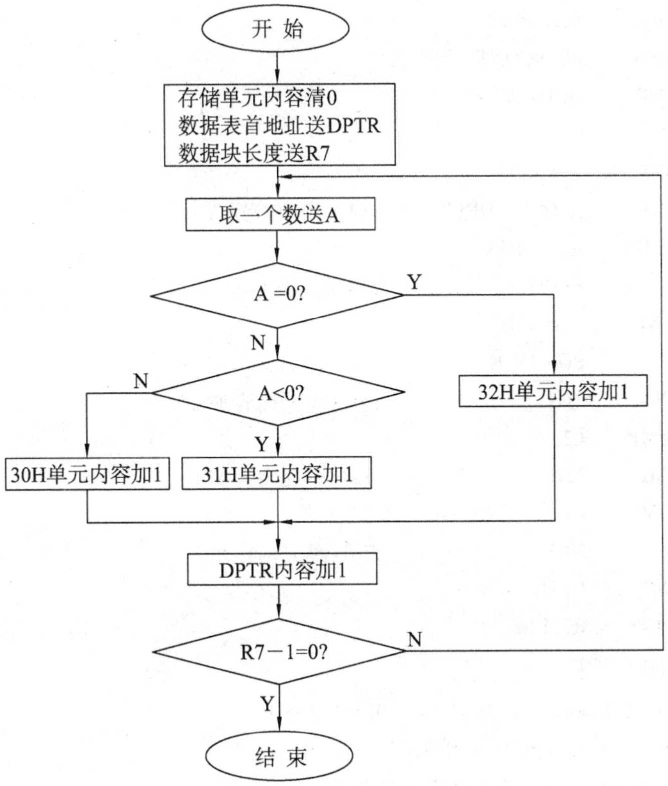

图 2-8 正、负数统计流程图

五、实验仪器与器件

1. 硬件设备：微型计算机一台(CPU 80486 以上,内存 32MB 以上,硬盘 1GB 以上)。
2. 软件设备：Windows 98/ME 操作系统、MCS-51 集成开发环境。

六、实验报告要求

1. 列出本实验程序的目的、内容、流程图和汇编语言源程序清单。
2. 列出程序从源程序编辑到调试成功的过程。

七、实验预习要求

1. 充分预习汇编语言指令,特别是要熟悉控制转移类指令的功能。
2. 预习循环程序的一般结构。

八、实验参考程序

```
           ORG     0000H
MAIN:      MOV     30H,#0            ;初始化存储单元、数据指针、计数器
           MOV     31H,#0
           MOV     32H,#0
           MOV     R7,#CONT
           MOV     DPTR,#TAB
L1:        CLR     C
           MOV     A,#00H
           MOVC    A,@A+DPTR         ;取一个数送到 A
           SUBB    A,#00H
           JZ      ZERO              ;判断是否为 0
           ANL     A,#80H
           JZ      POSITIVE          ;判断是否为负数
           INC     31H               ;31H 单元内容加 1
           SJMP    L2
ZERO:      INC     32H               ;32H 单元内容加 1
           SJMP    L2
POSITIVE:  INC     30H               ;30H 单元内容加 1
L2:        INC     DPTR
           DJNZ    R7,L1
           SJMP    $
TAB:       DB 12H,00H,88H,9FH,64H,0FFH,0B5H
           DB 4DH,3AH,65H,00H,7AH,62H,00H
           DB 5BH,0CDH,77H,55H,00H,0A2H
CONT       EQU     $-TAB+1
           END
```

【提高篇】

1. 将内部 RAM 30H~39H 单元的内容按从小到大的顺序排列,要求比较次数尽可能

少,排序结果仍放在这一区域。

2. 求 30H ~ 4FH 单元的检验和,结果放在 50H 单元。

实验 2.5　子程序设计

【基础篇】

一、实验目的

掌握子程序设计的特点与方法。

二、实验原理

在一段程序中,往往有许多地方需要执行同样的一种操作,这时可以把该操作单独编制成一个子程序,在程序需要执行这种操作的地方执行一条调用指令,转到子程序去执行,完成规定的操作后再返回原来的程序继续执行,并可以反复调用。这样处理可以简化程序的结构,缩短程序的长度,使程序模块化,便于调试。在编写子程序时要注意:

(1) 子程序开头的标号区段一定要有一个使用户了解其功能的标志,该标志即子程序的入口地址,以便在程序中使用绝对调用指令"ACALL"或长调用指令"LCALL"调用该子程序。

(2) 子程序(中断处理子程序)结尾必须使用一条子程序返回指令"RET(RETI)",它具有恢复断点的功能,以便断点出栈送至 PC,继续执行调用子程序以前的程序。一般来说,子程序的调用指令和子程序的返回指令要成对使用。

(3) 子程序的参数传递要靠程序设计者自己解决数据的存放和工作单元的选择问题。

(4) 进入子程序后,应注意除了要处理的参数数据和要传递回调用前程序的参数外,有关的内部 RAM 单元和工作寄存器的内容,以及标志寄存器的状态都不应因调用子程序而改变,这就存在现场保护问题。方法是一进入子程序,就首先把子程序中将要使用的或者会被改变的 RAM 单元的内容压入堆栈;在子程序完成处理将要返回前,先把堆栈中的数据弹出到原来对应的工作单元,恢复原来的状态,再返回。对于所使用的工作寄存器的保护可用改变工作寄存器区选择位(RS1,RS0)的方法。

中断处理子程序(中断服务程序)不是用 LCALL 指令调用的。当中断请求被响应时,由硬件将当前 PC 的值自动压栈保护,然后将对应的中断入口地址装入 PC,程序转向中断服务程序,中断服务程序从对应的向量地址开始,一直到执行中断返回指令 RETI 为止。

三、实验内容

1. 编写延时子程序。

2. 编写使定时器 0 定时 1 秒的中断处理子程序,设系统晶振频率为 12MHz。

四、软件流程图

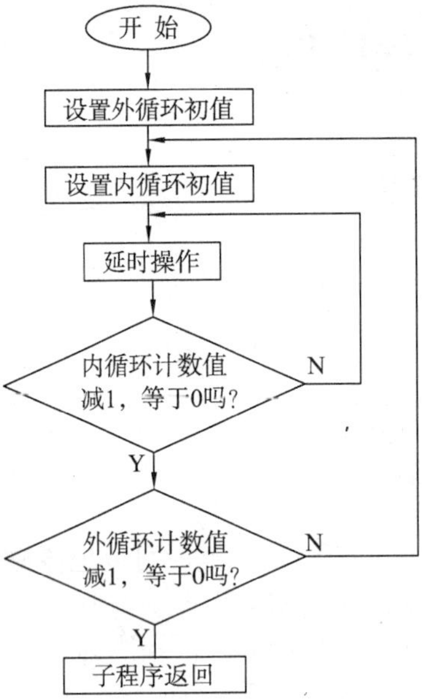

图 2-9　软件延时流程图

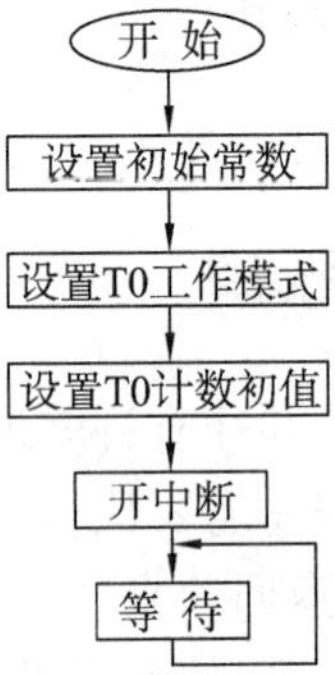

图 2-10　利用定时器 0 延时流程图

五、实验仪器与器件

1. 硬件设备：微型计算机一台(CPU 80486 以上，内存 32MB 以上，硬盘 1GB 以上)。
2. 软件设备：Windows 98/ME 操作系统、MCS-51 集成开发环境。

六、实验报告要求

1. 列出本实验程序的目的、内容、流程图和汇编语言源程序清单。
2. 列出程序从源程序编辑到调试成功的过程。

七、实验预习要求

1. 充分预习汇编语言指令，特别是子程序调用与返回指令的功能。
2. 预习子程序原理。

八、实验参考程序

1.

```
        ORG     0000H
MAIN:   MOV     R4,#20
LOOP:   ACALL   DL200MS
        DJNZ    R4,LOOP
```

```
          SJMP    $
DL200MS:  MOV     R7,#100           ;1us,设置外循环初值
DL1:      MOV     R6,#200           ;1us,设置内循环初值
DL2:      MUL     AB                ;4us
          MUL     AB                ;4us
          DJNZ    R6,DL2            ;2us,内循环计数值减1,等于0吗?
          DJNZ    R7,DL1            ;2us,外循环计数值减1,等于0吗?
          RET                       ;2us,子程序返回
          END
```

2.

```
          ORG     0000H
          LJMP    MAIN
          ORG     000BH
          LJMP    IT0_0
          ORG     0030H
MAIN:     MOV     TMOD,#00000001B   ;设置T0工作模式
          MOV     R3,#20
          MOV     DPTR,#15536       ;设置T0计数初值
          MOV     TH0,DPH
          MOV     TL0,DPL
          CLR     P1.0
          SETB    PT0
          SETB    EA                ;开中断
          SETB    ET0
          SETB    TR0               ;启动计数
          SJMP    $
IT0_0:    MOV     TH0,DPH
          MOV     TL0,DPL
          DJNZ    R3,WAIT
          CPL     P1.0
          MOV     R3,#20
WAIT:     RETI
          END
```

【提高篇】

1. 设系统晶振频率为 12MHz,编写延时 10 秒的子程序。
2. 编写求内部 RAM 中连续 10 个单元内容的平均值的子程序。

第二篇　硬　件

第三章　基本输入/输出接口

实验 3.1　LED 发光管的显示接口

【基础篇】

一、实验目的

1. 学习并掌握 LED 发光管的显示接口技术。
2. 学习并掌握延时程序的编写与使用方法。

二、实验原理

单片机的 P1 口作输出口，控制 8 只发光二极管。由于 P1 口作普通 I/O 口使用时，是准双向口结构。因此它的输入、输出操作不同，即输入操作是读引脚的状态，而输出操作是对端口锁存器的写入操作。当由内部总线给端口锁存器置“0”或“1”时，锁存器中的“0”或“1”状态会立即反映在引脚上。而在输入操作时，如果锁存器的状态为“0”，该引脚会被箝位在低电平，导致无法读出该引脚的高电平输入。所以准双向口作为输入口时，应先将锁存器置“1”，即先向该 I/O 口写“1”，然后再读引脚。

三、实验内容

P1 口作输出口，接 8 只发光二极管。编写程序，使发光二极管以跑马灯方式点亮。

四、实验电路

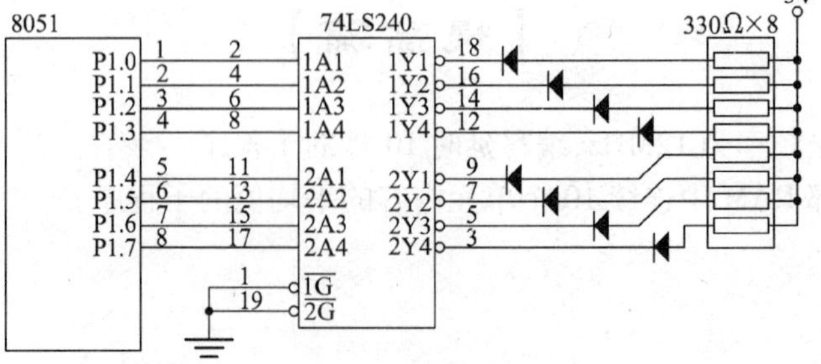

图 3-1　LED 发光管的显示接口

五、软件流程图

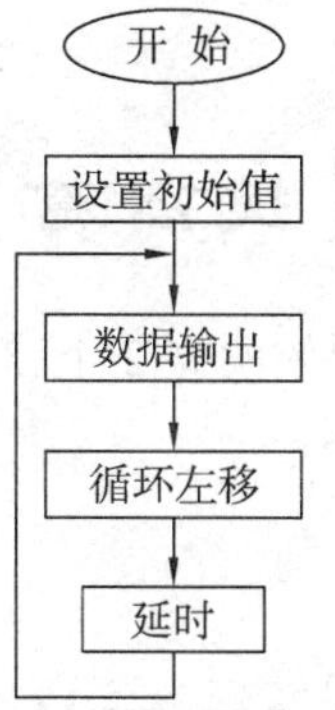

图 3-2　实验流程图

六、实验仪器与器件

1. 软件设备：Windows 98/ME 操作系统、MCS-51 集成开发环境。

2. 硬件设备：微型计算机(1 台)、可插接标准双列直插插座的实验电路板(1 块)、51 系列单片机仿真系统(1 台)、直流稳压电源(+5V)(1 台)。

3. 主要实验器件：74LS240(1 块)、排阻 330Ω(1 块)、发光二极管(8 只)。

七、实验报告要求

1. 列出本实验程序的目的、内容、流程图和汇编语言源程序清单。

2. 列出程序从源程序编辑到调试成功的过程。

八、实验预习要求

1. 充分预习汇编语言指令。

2. 预习并行 I/O 口结构与工作原理。

九、实验参考程序

```
          ORG     0000H
          LJMP    START
          ORG     0030H
START:    MOV     A,01H         ;设置初始值
L:        MOV     P1,A          ;数据输出
          RL      A             ;循环左移
          ACALL   DELAY
          LJMP    L
DELAY:    MOV     R0,# 00H      ;延时子程序
DELAY1:   MOV     R1,#F0H
```

```
        DJNZ    R1,$
        DJNZ    R0,DELAY1
        RET
        END
```

【提高篇】

1. 8 个发光二极管先亮 1 个，然后依次亮 2 个、3 个、……、8 个，以这样的顺序不断循环点亮。

2. 8 个发光二极管交替闪亮。

实验 3.2　开关量输入

【基础篇】

一、实验目的

掌握开关量的读取方法。

二、实验原理

单片机的 P1 口作输入口，接 8 个开关。P1 口在执行输入操作时，应先向 P1 口写"1"，然后再读引脚。当某个开关闭合时，P1 口相应的位就为 0；否则相应的位为 1。P0 口和 P2 口作为地址/数据总线。用 74LS273 实现一个并行 8 位输出口的扩展。74LS273 是一片带清除端的 8D 触发器，将它的清除端接 +5V，则清除端无效。用 $\overline{WR}$ 信号和一根地址线共同控制该芯片的 CLK 端，在执行"MOVX @ DPTR,A"指令时，将数据送到 74LS273。

三、实验内容

1. P1 口作输入口，接 8 个开关 K1 ~ K8。以 74LS273 作输出口，控制 8 个单色 LED 灯 L1 ~ L8。编写程序读取开关状态，将此状态在发光二极管上显示出来。

2. 编写程序读取开关状态，当 K1 闭合时，L1 ~ L4 亮，L5 ~ L8 灭。当 K2 闭合时，L1 ~ L4 灭，L5 ~ L8 亮。

四、实验电路

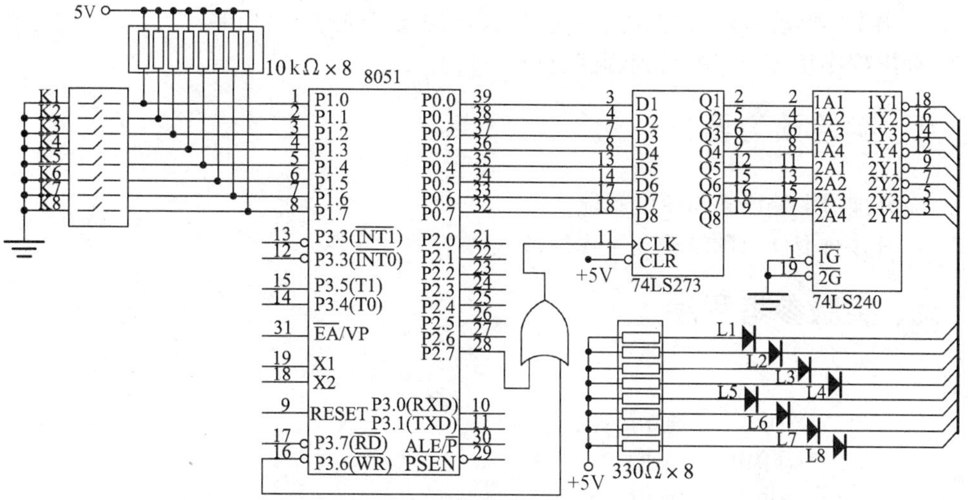

图 3-3　开关量输入实验电路图

五、软件流程图

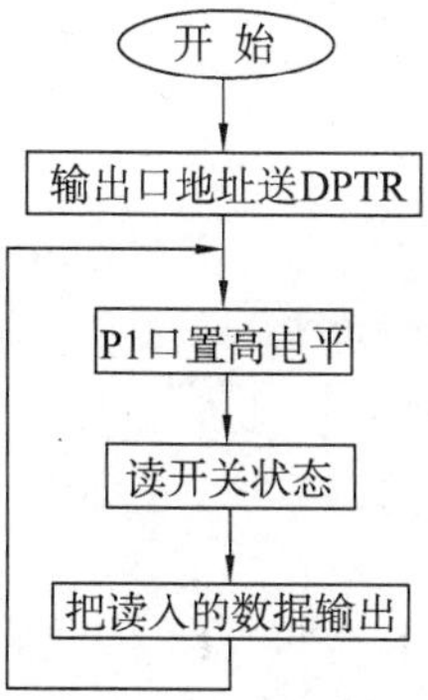

图 3-4　开关量输入实验 1 流程图

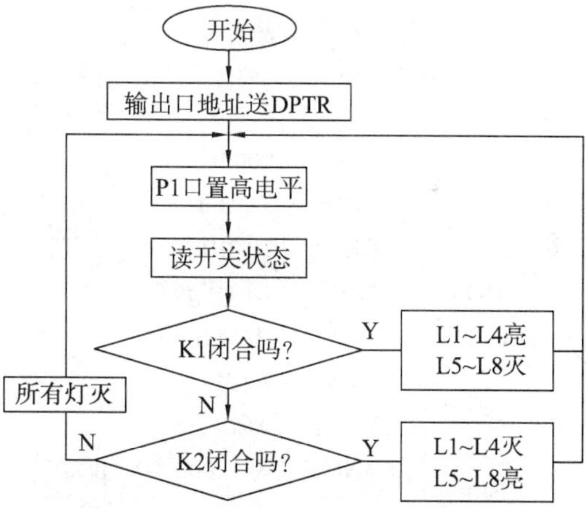

图 3-5　开关量输入实验 2 流程图

六、实验仪器与器件

1. 软件设备：Windows 98/ME 操作系统、MCS-51 集成开发环境。

2. 硬件设备：微型计算机(1 台)、可插接标准双列直插插座的实验电路板(1 块)、51 系列单片机仿真系统(1 台)、直流稳压电源(+5V)(1 台)。

3. 主要实验器件：74LS240(1 块)、74LS273(1 块)、排阻(2 块)、发光二极管(8 只)、开关(8 个)。

七、实验报告要求

1. 列出本实验程序的目的、内容、流程图和汇编语言源程序清单。
2. 列出程序从源程序编辑到调试成功的过程。

八、实验预习要求

1. 充分预习汇编语言指令的功能。
2. 预习并行 I/O 口的结构与工作原理。

九、实验参考程序

1.

```
            ORG     0000H
            LJMP    START
            ORG     0040H
START:      MOV     DPTR,#7FFFH         ;输出口地址送 DPTR
RD:         MOV     P1,# 0FFH           ;P1 口置高电平
            MOV     A,P1                ;读开关状态
            MOVX    @ DPTR,A            ;把读入的数据输出
            AJMP    RD
            END
```

2.

```
            ORG     0000H
            LJMP    START
            ORG     0040H
START:      MOV     DPTR,#7FFFH         ;输出口地址送 DPTR
RD:         MOV     P1,# 0FFH           ;P1 口置高电平
            MOV     A,P1                ;读开关状态
            PUSH    ACC
            ANL     A,  00000001B
            JZ      WR_1                ;判断 K1 是否闭合
            POP     ACC
            ANL     A,#00000010B        ;判断 K2 是否闭合
            JZ      WR_2
            MOV     A,#00H
            MOVX    @ DPTR,A
            AJMP    RD
WR_1:       MOV     A,#00001111B        ;L1 ~ L4 亮,L5 ~ L8 灭
            MOVX    @ DPTR,A
            AJMP    RD
WR_2:       MOV     A,#11110000B        ;L1 ~ L4 灭,L5 ~ L8 亮
```

```
MOVX  @DPTR,A
AJMP  RD
END
```

【提高篇】

1. 编写程序读取开关状态,当8个开关都闭合时,8个发光管循环点亮。

2. K8闭合后开始定时,定时时间为5秒,定时期间8个发光管分两组交替亮;5秒到,发光管循环点亮。

实验3.3 矩阵式键盘的键识别

【基础篇】

一、实验目的

掌握用扫描法进行键识别的方法。

二、实验原理

为了识别键盘上的闭合键,通常采用两种方法,一种称为行扫描法;另一种称为线反转法。

行扫描法识别闭合键的原理是先使第0行输出"0",其余行输出"1",然后检查列线信号。如果某条列线有低电平信号,则表明第"0"行和该列相交位置上的键被按下;否则说明没有键被按下。此后,再将第"1"行输出"0",其余行为"1",然后再检查列线中是否有变为低电平的线。如此往下逐行扫描,直到最后一行。在扫描过程中,当发现某一行有闭合键时,就中断扫描,然后根据行线位置和列线位置,识别此刻被按下的是哪一个键。

用线反转法识别闭合键时,要将行线接一个并行口,先让它工作在输出方式,将列线也接到一个并行口,让它工作在输入方式。输出口往各行线上全部送"0",然后从输入端口读入列线的值。如果此时有某个键被按下,则必定会是某一列线的值为"0"。然后,再对两个并行口进行方式设置,使接行线的并行口工作在输入方式,而使接列线的并行口工作在输出方式,并且将刚才读得的列线值从并行口输出,再次读行线的输入值,那么,在闭合键所在的行线上的值必定为"0"。这样,当一个键被按下时,必定读得惟一的行列值。

三、实验内容

P1口作输入口,接4×4键盘(编号0~F),P1.0~P1.3接行、P1.4~P1.7接列。P0口通过一片74LS240驱动一个共阴极数码管。编写程序将键号显示在数码管上。

四、实验电路

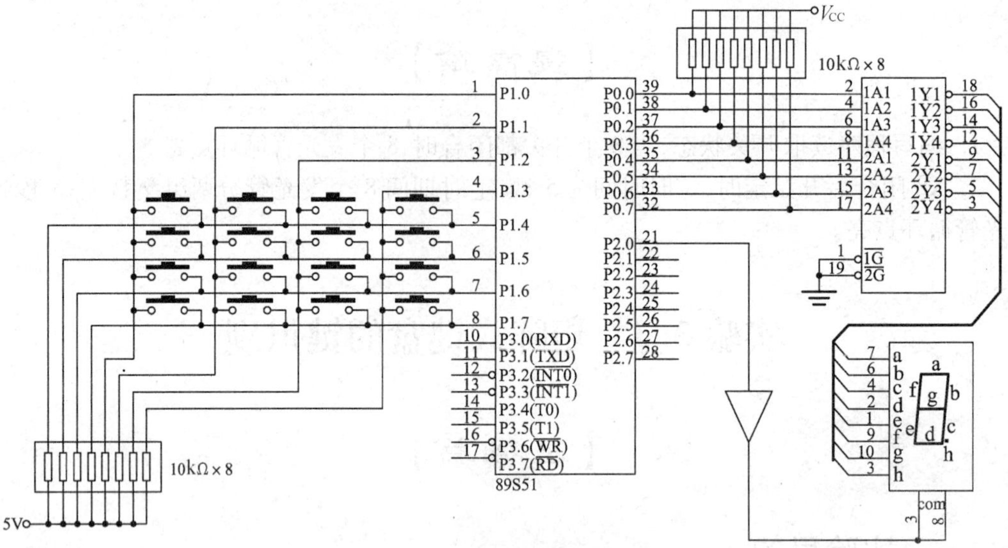

图 3-6　4×4 矩阵式键盘接口

五、软件流程图

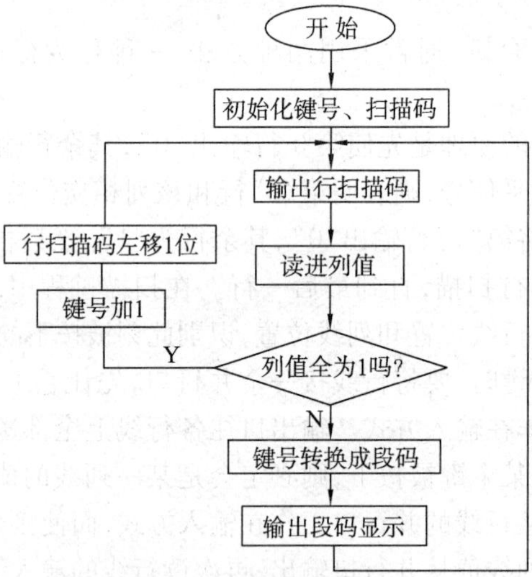

图 3-7　键识别实验流程图

六、实验仪器与器件

1. 软件设备：Windows 98/ME 操作系统、MCS-51 集成开发环境。

2. 硬件设备：微型计算机(1 台)、可插接标准双列直插插座的实验电路板(1 块)、51 系列单片机仿真系统(1 台)、直流稳压电源(+5V)(1 台)。

3. 主要实验器件：74LS240（1 块）、排阻（2 块）、共阴极数码管（1 只）、按键（16 个）。

七、实验报告要求

1. 列出本实验程序的目的、内容、电路图、流程图和汇编语言源程序清单。
2. 列出程序从源程序编辑到调试成功的过程。

八、实验预习要求

1. 充分预习汇编语言指令。
2. 预习键盘识别原理。

九、实验参考程序

```
            ORG     0000H
START:      MOV     30H,#8CH        ;8CH = 'P'
            LCALL   DISP            ;调显示程序
L1:         MOV     R3,# 0EFH       ;EFH = 11101111B
            MOV     R1,# 00H        ;(R1) = 00H
L2:         MOV     A,R3            ;(A) = EFH
            MOV     P1,A            ;输出行扫描码
            MOV     A,P1            ;读进列值
            MOV     R4,A            ;(R4) = 列值
            SETB    C               ;CY = 1
            MOV     R5,# 04H        ;(R5) = 4
L3:         RRC     A               ;(A)右移
            JNC     KEYIN           ;如果 CY = 0,有键闭合
            INC     R1              ;无闭合键,(R1) + 1
            DJNZ    R5,L3           ;4 列是否判别完?
            MOV     A,R3            ;扫描值送 A
            SETB    C               ;CY = 1
            RLC     A               ;扫描码左移
            MOV     R3,A            ;扫描码送 R3
            JC      L2              ;如果 CY = 1,转到 L2
            LJMP    L1              ;如果 CY = 0,表示键盘上没有闭合键,转到 L1
KEYIN:      MOV     R7,# 08H        ;有闭合键时,根据键值(R1 的内容),查表转换为段码
LD2:        MOV     R6,#50H         ;延时,去抖动
            DJNZ    R6,$
            DJNZ    R7,LD2
D3:         LCALL   DISP            ;调显示程序
            MOV     A,P1            ;等待键释放
            XRL     A,R4
            JZ      D3
            MOV     A,R1            ;键值送 A
```

```
            MOV     DPTR,#TABLE
            MOVC    A,@A+DPTR
            MOV     30H,A            ;段码送到30H
            LCALL   DISP             ;调显示程序
            LJMP    L1               ;转到 L1
DISP:       MOV     A,30H            ;段码送 P0 口
            MOV     P0,A
            MOV     P2,#0FEH
            LCALL   DELAY
            RET
DELAY:      MOV     R7,#06H
D1:         MOV     R6,#100
            DJNZ    R6,$
            DJNZ    R7,D1
            RET
TABLE:      DB 0C0H,8EH,86H,0A1H
            DB 0F9H,0A4H,0B0H,0C6H
            DB 99H,92H,82H,83H
            DB 0F8H,80H,90H,88H
            END
```

【提高篇】

1. 若用 8255 的端口 C 作 4×4 键盘接口,试改写基础篇应用的程序。
2. 编写用线反转法进行键识别的程序。

第四章　显示接口

实验 4.1　LED 数码块显示接口

【基础篇】

一、实验目的

1. 掌握 LED 数码块显示接口的工作原理。
2. 掌握 LED 数码块显示接口的应用。

二、实验原理

LED 显示器是由发光二极管组成显示字段的显示器件，这种显示器分为共阴极和共阳极两种形式，如图 4-1 所示。共阴极 LED 显示块的发光二极管阴极连接在一起，形成该模块的公共端 com（通常称为位选端）该公共端必须接低电平，8 个发光二极管的阳极通常称之为段选端，如图 4-1（a）所示。当某个发光二极管的阳极接高电平时，该发光二极管被点亮。而共阳极 LED 显示块是将发光二极管的阳极连接在一起，形成共阳极 LED 显示块的公共端，该公共端必须接高电平，同理在共阳极 LED 显示块中如某个发光二极管的阴极为低电平时，该发光二极管被点亮，如图 4-1（b）所示。0.5 英寸七段 LED 显示器的引脚如图 4-1（c）所示（正视图）。

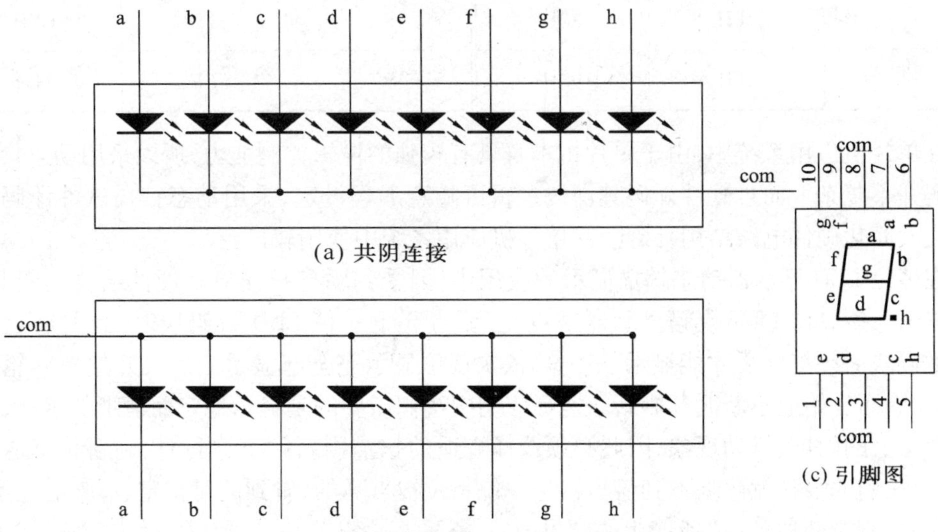

(a) 共阴连接

(b) 共阳连接

(c) 引脚图

图 4-1　七段 LED 显示器的结构简图及引脚

通常的七段 LED 显示器有 8 个发光二极管,其中 7 个发光二极管构成“8”字,1 个发光二极管用于显示小数点。这 8 个笔段分别用 a ~ h 表示。

七段显示块与单片机的接口很简单,只要将一个 8 位并行输出口与显示器 8 个引脚相连即可。但要注意输出口的实际驱动能力,一般情况下应加驱动电路。每个发光二极管均有其额定工作电流,目前常用的发光二极管其额定工作电流为 5 ~ 10mA,所以在实际使用中应在每个发光二极管回路中接入限流电阻,使其工作在额定电流范围内。

8 位并行输出口输出不同的数据即可显示不同的字符,通常将送入发光二极管段选端的数据称为段码,七段数据加小数点正好用一个字节表示。共阳极与共阴极的显示块段码互补。如一个字节中的最低位对应 a 笔段,最高位对应小数点 h 段,则显示字符与对应的段码如表 4-1 所示。

表 4-1 七段 LED 显示器的段码

显示字符	共阴极段码	共阳极段码	显示字符	共阴极段码	共阳极段码
0	3FH	C0H	A	77H	88H
1	06H	F9H	b	7CH	83H
2	5BH	A4H	C	39H	C6H
3	4FH	B0H	d	5EH	A1H
4	66H	99H	E	79H	86H
5	6DH	92H	F	71H	8EH
6	7DH	82H	P	73H	8CH
7	07H	F8H	U	3EH	C1H
8	7FH	80H	r	31H	CEH
9	6FH	90H	y	6EH	91H

在单片机应用系统中,由于单片机本身具有较强的逻辑控制能力,所以采用动态扫描软件译码并不复杂。而且软件译码其译码逻辑可随意编程设定,采用动态扫描软件译码的方式能大大简化硬件电路结构,因此,在单片机应用系统中使用较广泛。

在多位 LED 显示器动态扫描显示的应用中,因受到动态扫描显示硬件结构的限制,在某一瞬间只有一位 LED 数码显示器被点亮,要点亮下一位 LED 数码块时,当前被点亮的 LED 数码块必须熄灭后才能显示下一位,依次逐位显示完全部显示块后又开始新一轮的显示,如此周而复始地不断循环刷新。实际应用中我们需要的是显示稳定而清晰的字符,不能出现视觉上的闪烁、抖动现象,因此必须选择合适的扫描刷新频率,当扫描刷新频率达到适当值时,我们的眼睛就感觉不到显示器是一位一位被点亮的,看到的是稳定、清晰的显示,这就是人的“视觉暂留效应”所产生的效果。

三、实验内容

图 4-2 是 8031 通过 TTL 电路扩展 I/O 口实现 4 位动态扫描 LED 数码显示接口的实验电路。图中 LED 为 0.5 英寸共阴极结构。其中两片 74LS244 分别用于段信号和位信号的驱动,74LS273 用于段信号的锁存,其锁存地址为 7FFFH。利用图 4-2 的硬件实验电路,显示 4 位十进制数字 0 ~ 9 的软件如下(30H ~ 33H 为显示缓冲区,30H 为最高位,33H 为最低位):

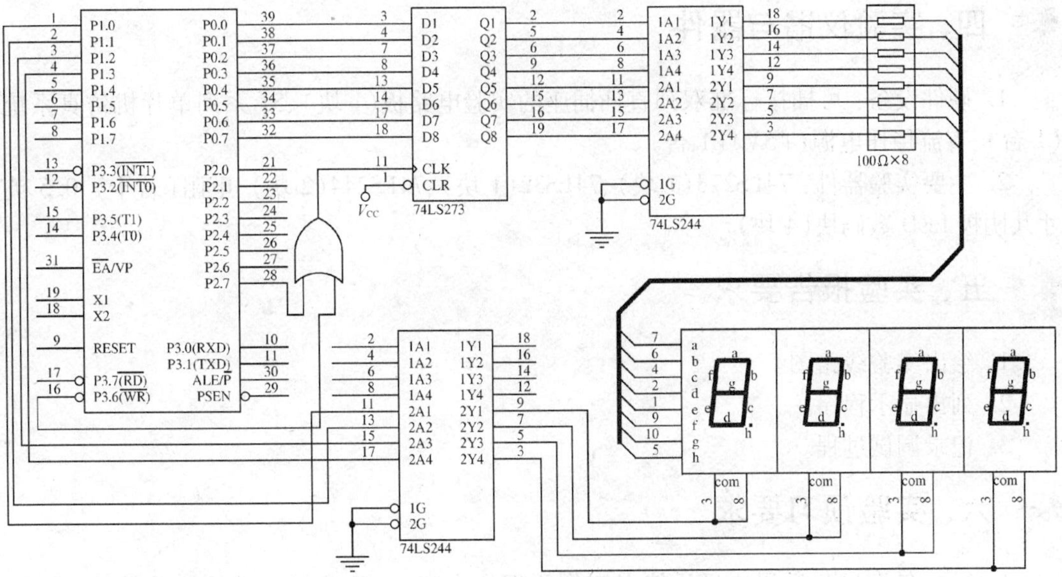

图 4-2　4 位动态扫描 LED 显示接口原理图

```
DISP:   MOV     R1,#30H          ;设置显示缓冲区首址
        MOV     B,#0FEH          ;设置位选信号
        MOV     R7,#4            ;显示位数
DISP1:  MOV     A,@R1
        MOV     DPTR,#TAB
        MOVC    A,@A+DPTR        ;查表得显示代码
        MOV     DPTR,#7FFFH
        MOVX    @DPTR,A          ;送出显示代码
        MOV     A,B
        MOV     P1,A             ;送位选信号
        RL      A
        MOV     B,A              ;指向下一显示位
        LCALL   DEL              ;延时 10ms
        MOV     P1,#0FFH
        INC     R1               ;显示缓冲区地址减 1
        DJNZ    R7,DISP1
        MOV     P1,#0FFH         ;关显示
```

```
        SJMP    DISP
TAB:    DB 3FH,06H,5BH,4FH,66H     ;0 ~9 的字符代码
        DB 6DH,7DH,07H,7FH,6FH
DEL:    MOV     R5,#50             ;10ms 延时
DEL1:   MOV     R6,#200
        DJNZ    R6,$
        DJNZ    R5,DEL1
        RET
```

四、实验仪器与器件

1. 硬件设备：可插接标准双列直插插座的实验电路板(1 块)、51 系列单片机仿真系统(1 台)、直流稳压电源(+5V)(1 台)。

2. 主要实验器件：74LS273(1 块)、74LS32(1 块)、74LS244(2 块)、电阻(若干)、0.5 英寸共阴极 LED 数码块(4 块)。

五、实验报告要求

1. 绘出实验线路图。
2. 列出显示程序。
3. 记录调试过程。

六、实验预习要求

1. 复习有关 LED 数码块显示接口工作原理的内容，以及动态扫描软件译码显示器的工作原理。
2. 设计出实验线路图。
3. 拟定实验的方法、步骤。
4. 编写出相关程序。

【提高篇】

1. 设计能实现字符轮番显示的软件，例如，1、2、3、4；2、3、4、1；3、4、1、2；4、1、2、3……
2. 通过改变位驱动延时时间，观察扫描显示的闪烁情况，从而得到最佳的显示效果。

实验 4.2　点阵 LED 显示接口

【基础篇】

一、实验目的

1. 掌握点阵 LED 显示接口的工作原理。
2. 掌握点阵 LED 显示器的应用。

二、实验原理

七段 LED 显示器不能满足大容量信息显示的要求，如车站、码头等公共场所的信息显示。点阵 LED 显示器具有亮度高、色彩多、寿命长等特点，在大面积信息显示的场合中有其特定的优势，因而得到广泛的应用。

点阵 LED 显示器结构原理与七段 LED 显示器是一样的，均由发光二极管组成，只是排列结构不同而已。通常做成 8×8 点阵或 16×16 点阵模块，使用很方便。图 4-3 是 8×8 点阵 LED 显示器的内部结构原理图。与七段 LED 显示器不同的是点阵 LED 显示器无公共端，可以适应不同的连接方式。点阵 LED 显示器通常用于大面积汉字、图形显示，因此点阵数、连接线都很多，如采用静态驱动的方式，将使连线很复杂，所以通常采用动态扫描驱动方式。

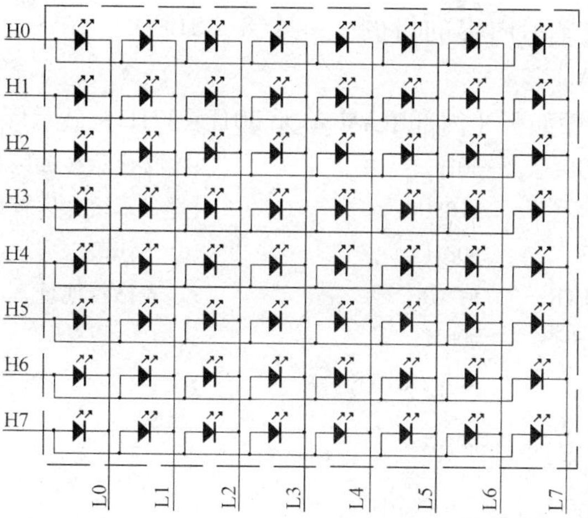

图 4-3　点阵 LED 显示器结构原理图

三、实验内容

图 4-4 是 8×8 点阵 LED 显示接口的原理图。

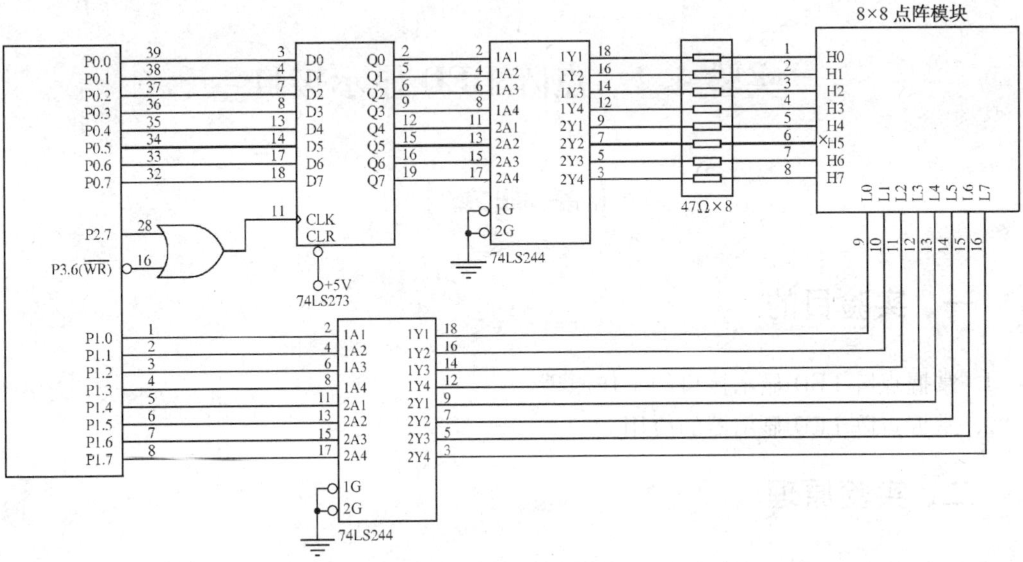

图 4-4　8×8 点阵 LED 显示接口原理图

电路中采用 74LS244 进行行和列的驱动。必须注意的是限流电阻阻值的选择，选择不当会影响发光强度。应根据组成点阵二极管的多少来选择限流电阻，以使其达到最佳效果。本实验以显示汉字“王”为例，熟悉点阵 LED 显示器的编程方法。汉字“王”的点阵如图 4-5 所示。

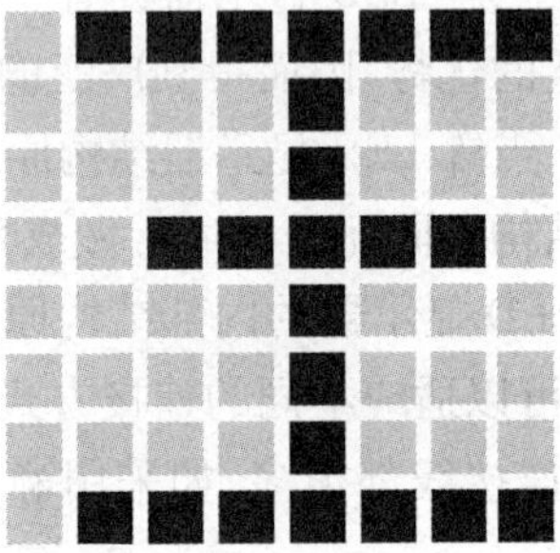

图 4-5　汉字“王”的 8×8 点阵图

在内部 RAM（或外部 RAM）中开辟一显示缓冲区，缓冲区内字节地址与显示屏上的位置相对应，当更改显示内容时，只要改写缓冲区 RAM 中相应的内容，然后执行扫描刷新程序即可达到更改显示内容的目的。一个 8×8LED 点阵共占用 8 个字节 RAM。

显示汉字“王”的程序如下（内部 RAM 单元 30H ~ 37H 为显示缓冲区）：

```
        DIS0    EQU     30H             ;定义显示缓冲区首地址
LOAD:   MOV     R0,     #DIS0           ;送显示缓冲区首地址
        MOV     R7,     #08H            ;8 个字节
        MOV     DPTR,   #TAB            ;送表格首地址
LOAD1:  MOV     A,      #00H
        MOVC    A,      @A+DPTR         ;查表
        MOV     @R0,    A               ;送数
        INC     DPTR
        INC     R0
        DJNZ    R7,LOAD1
        RET
TAB:    DB 00H,81H,89H,89H,0FFH,89H,89H,81H    ;“王”的点阵代码
```

扫描显示程序如下：

```
SCAN:   MIV     R7,     #08H            ;8 列
```

```
        MOV     R0,     #DIS0           ;送显示缓冲区首地址
        MOV     R1,     #0FEH           ;送列驱动字
        MOV     DPTR,#7FFFH
SCAN1:  MOV     A,@ R0
        MOVX    @ DPTR,A
        MOV     P1, R1
        LCALL   DLAY                    ;调用延时程序
        MOV     A, R1
        RL      A
        MOV     R1,A
        INC     R0
        DJNZ    R7,SCAN1
        RET
```

四、实验仪器与器件

1. 硬件设备：可插接标准双列直插插座的实验电路板(1 块)、51 系列单片机仿真系统(1 台)、直流稳压电源(+5V)(1 台)。

2. 主要实验器件：74LS273(1 块)、8 ×8LED 点阵显示模块(1 块)、74LS32(1 块)、74LS244(1 块)、电阻(若干)。

五、实验报告要求

1. 绘出实验线路图。
2. 列出显示程序。
3. 记录调试过程。

六、实验预习要求

1. 复习有关 8 ×8LED 点阵显示接口工作原理的内容。
2. 设计出实验线路图。
3. 拟定实验的方法、步骤。
4. 编写出相关程序。

【提高篇】

1. 设计 16 × 16 点阵 LED 显示接口的硬件原理图，编写显示一个汉字(16 ×16)的程序。

2. 设计能显示 4 个汉字(16 ×16 点阵 LED 结构)的硬件原理图，编写能实现汉字滚动显示的程序流程图。

实验 4.3　笔段式 LCD 显示接口

【基础篇】

一、实验目的

1. 掌握笔段式 LCD 显示接口的工作原理。
2. 掌握笔段式 LCD 显示接口 TCL7129 的应用。

二、实验原理

笔段式液晶显示器件是以长条状显示像素组成 1 位显示类型的液晶显示器件，类似笔段式 LED 显示器。笔段式液晶显示器的驱动方式主要取决于该器件各显示像素外引线的引出与排列方式，通常有 2×4、3×3 等引出方式。图 4-6 为 2×4 排列方式示意图，它有两个 BP 端和四个 SEG 端，如图 4-6（a）所示，或有四个 BP 端和两个 SEG 端，如图 4-6（b）所示。由图 4-6 可以看出，它是采用动态扫描方式进行驱动的。

笔段式液晶显示器件有多种，如数码式、简单字符式、带模拟输入 A/D 转换式等。笔段型显示器件主要用于数字及简单字符的显示，如便携式低功耗仪器、电子计算器、家用电器等。本实验使用的是实用性较高，带 A/D 转换，且应用广泛的笔段式液晶显示驱动电路 TCL7129。

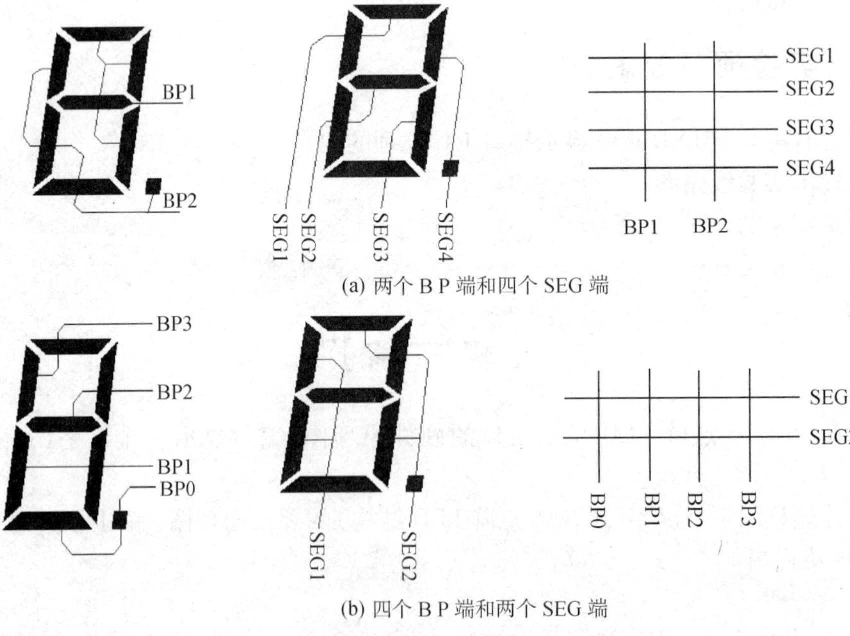

图 4-6　2×4 段式液晶显示器引脚排列示意图

TCL7129 是带有三路寻址 4 位半液晶显示驱动的 A/D 转换器。它具有低功耗、高精度(满量程精度为 0.05%)、检测微弱信号(分辨率为 10μV)、自动量程转换、外围元件少等特点。TCL7129 的主要功能如下:

(1) ±19999 计数 A/D 转换器,精度为 4 位半。

(2) 在 200mV 标度上分辨率为 10μV。

(3) 110dB 抗共模干扰能力。

(4) 直接连接液晶显示屏。

(5) 真差分输入和差分基准。

(6) 9V 电源供电,低功耗工作,$I_{CC}=1mA$。

(7) 随测量信号大小变化的小数点驱动电路。

(8) 过量程、欠量程输出。

(9) 低电压检测和指示。

(10) 10∶1 量程转换输入。

TCL7129 的引脚图和原理框图如图 4-7 和图 4-8 所示。在显示部分 TCL7129 设计为三路寻址驱动方式。应注意的是,极性符号"-"、小数点 DP1 ~ DP4、低电压检测指示"LOW BATTERY"和持续标志"CONTINUITY"都是 TCL7129 直接驱动的独立端,无需外加电路。4 位半数字由每 3 段为 1 位数字共 12 路输出组成。数字显示随模拟输入(IN +、IN -)信号变化而成比例变化;小数点 DP1 ~ DP4 分别由输入端 DP1 ~ DP4 控制;"LOW BATTERY"由内部电路识别 V_+ 和 V_- 之间的电压差控制,如低于 7.2V 就点亮;"CONTINUITY"标志则由输入端 CONTINUITY 控制。TCL7129 还提供了一个指示信号端驱动输出 AN,该输出产生一个方波,与背电极等幅,但相位相差 180°。

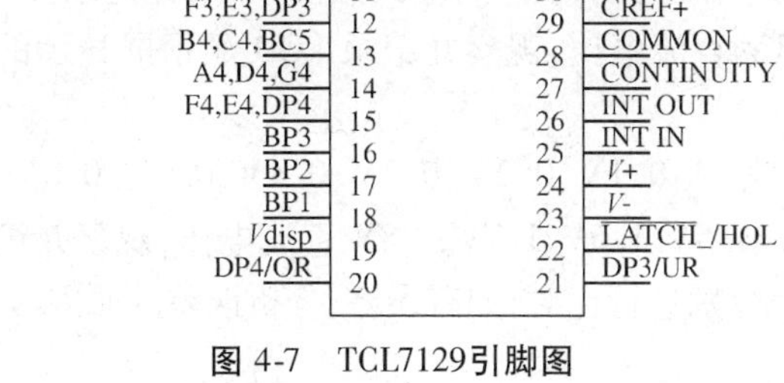

图 4-7 TCL7129引脚图

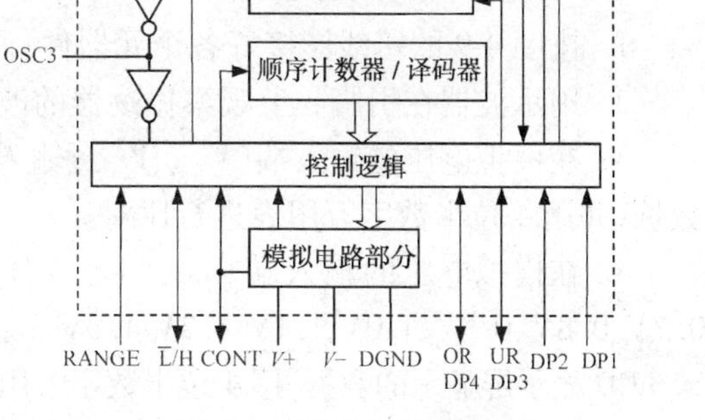

图 4-8 TCL7129原理框图

三、实验内容

验证用 TCL7129 实现的笔段式 LCD 显示接口电路。图 4-9 是实验电路图,图中

ICL8069 为稳压二极管,为 TCL7129 提供一个稳定的基准电压源,20kΩ 的电位器用于调整 TCL7129 的工作基准电压,当满量程为 2V 时基准电压为 1V;当满量程为 200mV 时基准电压为 100mV。V_{in} 为模拟电压的输入端。石英晶振采用 120kHz。

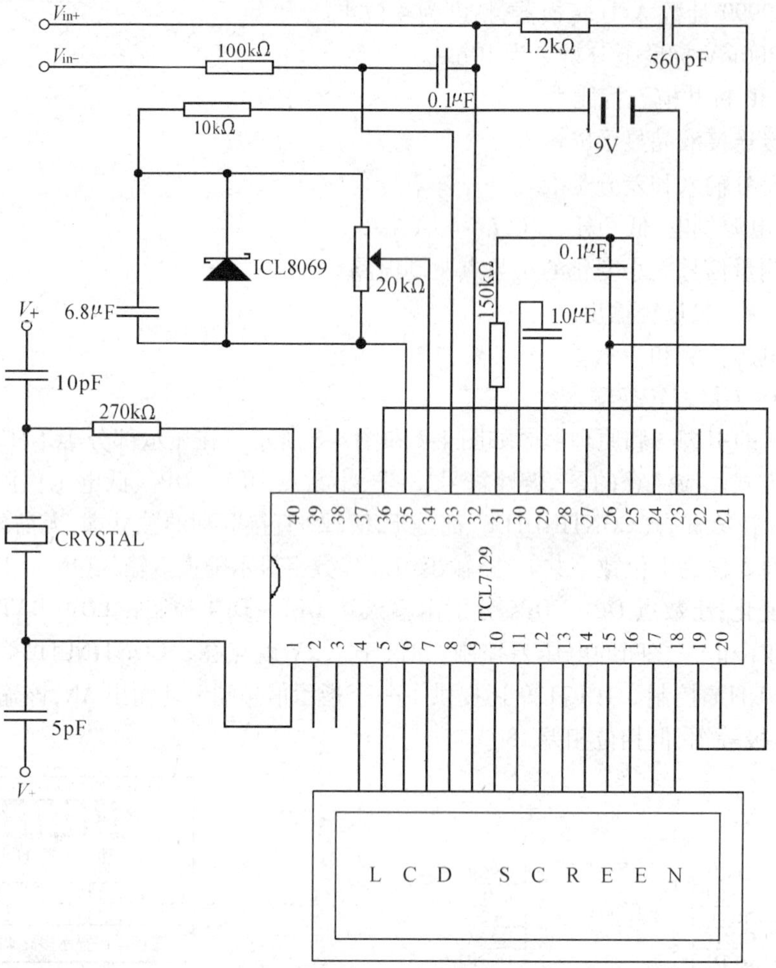

图 4-9　TCL7129 实际应用电路

1. 按图 4-9 的接线图接好各个元器件,调整好基准电压(本实验要求满量程为 2V)。

2. 用示波器在引脚 3 上观察振荡器的波形,用数字频率计测量其振荡频率,并记录。

3. 在模拟电压的输入端(V_{in+}、V_{in-})输入 1V 直流电压,观察并记录 LCD 显示屏显示的数据,并用 4 位半数字万用表进行比对。

4. 在模拟电压的输入端(V_{in+}、V_{in-})分别输入 0.1V、0.2V、0.3V、0.4V、0.5V、0.6V、0.7V、0.8V、0.9V、1.0V、1.1V、1.2V、1.3V、1.4V、1.5V、1.6V、1.7V、1.8V 直流电压,观察并记录 LCD 显示屏显示的数据,用 4 位半数字万用表分别进行比对,如有误差,分析误差的原因。

四、实验仪器与器件

1. 硬件设备:可插接标准双列直插插座的实验电路板(1 块)、双路可调直流稳压电源(+5V)(1 台)、数字万用表(1 只)、双踪示波器(1 台)、数字频率计(1 台)。

2. 主要实验器件：ICL7129、4 位半 LCD 显示屏(各 1 块)，电阻、电容、晶振、电位器(各若干)。

五、实验报告要求

1. 绘出实验线路图。
2. 记录数字频率计测量的振荡频率。
3. 用表格形式记录实验数据，并对数据进行分析。

六、实验预习要求

1. 复习有关笔段式 LCD 显示接口的内容，以及笔段式 LCD 显示接口 TCL7129 的工作原理。
2. 绘出实验线路图。
3. 拟定实验的方法、步骤。
4. 准备好记录数据用的表格纸。

【提高篇】

完成以下设计：

1. 设计一只能测量 0～500V 的 4 位半直流电压表，并能实现量程自动切换。
2. 设计一只能测量 0～500V 的 4 位半交流电压表，并能实现量程自动切换。
3. 设计用一只 LED 发光管的亮、暗来区分当前显示的数据是直流电压，还是交流电压。

实验 4.4　点阵字符式 LCD 显示接口

【基础篇】

一、实验目的

1. 掌握点阵字符式 LCD 显示接口的工作原理。
2. 掌握点阵字符式 LCD 显示接口 HD44780U 的应用。

二、实验原理

点阵字符型液晶显示器是一种专用于显示字母、数字、符号的液晶器件。它由若干个 5×8 或 5×11 点阵块组成字符块，每一个字符块显示一个字母、数字或符号。每个点阵块之间有一定的空隙，作为字符间的自然间隔，而整个显示屏上的像素并非等间隔地排列，如图 4-10所示。这就决定了它只能显示字符而不能显示连续的图形。

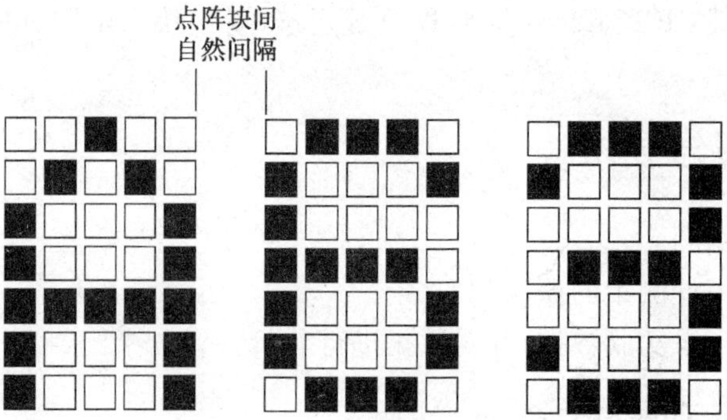

图 4-10　5×7 液晶显示点阵块示意图

点阵字符液晶显示器件在使用中通常做成模块的形式,即将液晶显示屏和控制器、驱动器集成在一起,称为点阵字符液晶显示模块。对模块的操作实质上就是对控制器的操作。目前最常用的点阵字符液晶显示控制器有 HD44780U 等,液晶显示驱动器主要有 HD44100 等。字符型液晶显示模块大多做成通用形式,接口格式比较统一。本实验采用 HD44780U 控制器。

1. HD44780U 的主要接口功能。

HD44780U 与外部的接口信号主要有以下几种:

DB7 ~ DB4	三态	8 位数据总线的高 4 位或 4 位数据总线
DB3 ~ DB0	三态	8 位数据总线的低 4 位
RS	输入	寄存器选择信号
R/W	输入	读/写选择信号
E	输入	使能信号

HD44780U 的接口形式有两种,一种是 8 位数据总线形式,另一种是 4 位数据总线形式,分别适应于 8 位和 4 位数据总线的计算机。由于控制器内部是 8 位总线结构,所以在 8 位数据总线的形式下,数据总线 DB7 ~ DB0 均有效,数据及指令代码一次操作完成;在 4 位数据总线形式下,数据总线 DB7 ~ DB4 有效,DB3 ~ DB0 呈高阻状态,数据及指令代码分两次操作完成。

控制线 RS、R/$\overline{W}$及使能端 E 的组合使用如表 4-2 所示。

表 4-2　RS、R/$\overline{W}$和 E 的组合功能表

RS	R/$\overline{W}$	E	DB7 ~ DB0	功　　能
0	0		输入状态	写指令代码
0	1		输出状态	读 BF 及 AC 值
1	0		输入状态	写数据
1	1		输出状态	读数据

2. HD44780U 的指令。

HD44780U 控制器是可编程器件,它对液晶显示屏的控制需软件支持。HD44780U 共有 8 条指令,指令一览表如表 4-3 所示。

表 4-3　HD44780U 指令系统一览表

指令名称	控制信号		控制代码							
	RS	R/$\overline{W}$	D7	D6	D5	D4	D3	D2	D1	D0
清屏	0	0	0	0	0	0	0	0	0	1
光标归位	0	0	0	0	0	0	0	0	1	*
输入方式设置	0	0	0	0	0	0	0	1	I/D	S
显示开关设置	0	0	0	0	0	0	1	D	C	B
光标画面滚动	0	0	0	0	0	1	S/C	R/L	*	*
工作方式设置	0	0	0	0	1	DL	N	F	*	*
CGRAM 地址设置	0	0	0	1	A5	A4	A3	A2	A1	A0
DDRAM 地址设置	0	0	1	A6	A5	A4	A3	A2	A1	A0
读 BF 或 AC 值	0	1	BF	AC6	AC5	AC4	AC3	AC2	AC1	AC0
写数据	1	0	数据							
读数据	1	1	数据							

注:“ * ”表示任意值,在实际应用时一般认为是“0”。

指令详解如下:

(1) 清屏(CLEAR DISPLAY)。

该指令使 DDRAM 全部清零;光标回到原位;地址计数器 AC = 0。

(2) 光标归位(RETURN HOME)。

该指令使光标或光标闪烁位回原点(屏幕的左上角),即 DDRAM 地址为 00H 的位置。

(3) 输入方式设置(ENTER MODE SET)。

I/D 参数的含义是当数据写入 DDRAM(CGRAM)或由 DDRAM(CGRAM)读出数据时,地址计数器 AC 自动加 1 或减 1(I/D = 1,自动加 1;I/D = 0,自动减 1)。

S 参数的含义如下:S = 1 时,当数据写入 DDRAM 时,显示内容将全部左移(I/D = 1)或右移(I/D = 0),此时光标看上去未动,仅仅显示内容移动;但从 DDRAM 读数据时,内容没有发生变化。S = 0 时,显示内容不变,光标左移(I/D = 1)或右移(I/D = 0)。

(4) 显示开关设置(DISPLAY ON/OFF CONTROL)。

D = 1,开显示;D = 0 关显示。

C = 1,显示光标;C = 0,关闭光标。

B = 1,光标和光标停留处的字符交变闪烁;B = 0,不闪烁。

(5) 光标画面滚动(CURSOR OR DISPLAY SHIFT)。

该指令使光标或显示画面在没有对 DDRAM 进行读、写操作时,被左移或右移,如表 4-4 所示。利用此功能,可以在不改变 DDRAM 内容的情况下,达到简单动画的显示效果。

表 4-4　光标画面滚动命令表

S/C	R/L	说　明
0	0	光标左滚动
0	1	光标右滚动
1	0	画面左滚动
1	1	画面右滚动

(6) 工作方式设置(FUNCTION SET)。

该指令用于设置接口的数据总线位数,即采用4位总线还是8位总线形式;同时可以设置显示行数及采用5×7还是5×11点阵。

DL=1,8位数据总线形式,DB7~DB0有效。

DL=0,4位数据总线形式,DB7~DB4有效,DB3~DB0不用。

N=1,两行显示;N=0,一行显示。

F=1,5×11点阵;F=0,5×7点阵。

(7) CGRAM地址设置(CGRAM ADDRESS SET)。

该指令用于设置CGRAM地址指针,将地址码C5~C0被送入AC,此后使用者可以将自定义的显示字符数据写入CGRAM或从CGRAM中读出。

(8) DDRAM地址设置(DDRAM ADDRESS SET)。

该指令用于设置DDRAM的地址指针,地址码在00H~27H及40H~67H内有效。此后可以将显示字符码写入DDRAM或从DDRAM中读出。

3. HD44780U与单片机的接口及软件编程。

(1) 直接控制方式。

直接控制方式是单片机把液晶显示模块看做是外部RAM或I/O口。在这种方式下两总线直接相连,液晶控制器的$\overline{RD}$、$\overline{WR}$是由单片机的$\overline{RD}$、$\overline{WR}$与地址线合成产生的。其与单片机的直接控制接口如图4-11所示。

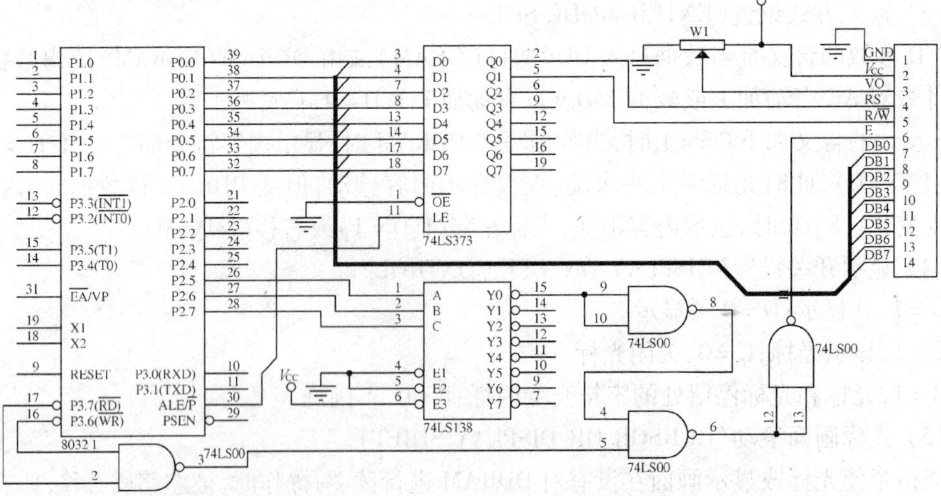

图4-11　HD44780U与单片机直接控制接口电路图

(2) 间接控制方式。

间接控制方式就是单片机把液晶显示模块看成是它的一个并行接口的外设,并对该外设间接操作而实现控制。在间接控制方式下,单片机必须对液晶显示模块的各控制信号进行时序模拟操作,如$\overline{RD}$、$\overline{WR}$的时序等。图 4-12 是单片机对 HD44780U 实现间接控制接口的电路图。

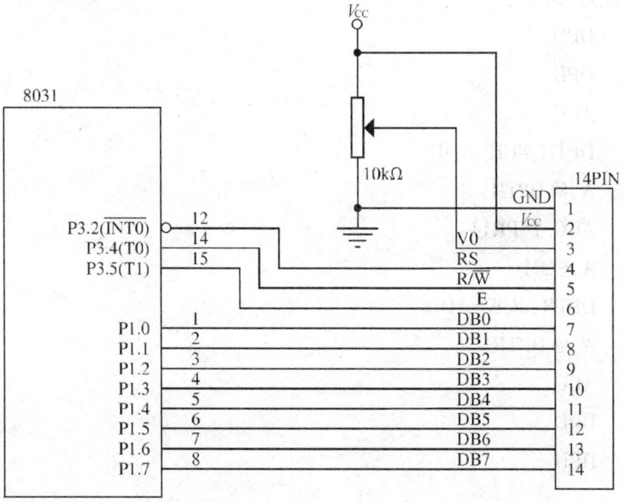

图 4-12 单片机对 HD44780U 间接控制接口电路图

三、实验内容

验证用 HD44780U 控制器组成的点阵字符式 LCD 显示接口电路。若实验采用直接控制方式,就采用如图 4-11 所示的电路图;若实验采用间接控制方式,就采用如图 4-12 所示的电路图。在显示屏上显示字符“1”、“2”、“3”、“4”、“5”、“6”,或其他字符。

1. 按图 4-11 或图 4-12 的接线图接好各个元器件。
2. 8031 单片机采用单片机仿真器。
3. 实验用初始化程序。

(1) 采用直接控制方式,初始化程序如下:

```
COM       EQU    20H       ;指令寄存器
DAT       EQU    21H       ;数据寄存器
CW_ADD    EQU    0F000H    ;指令口写地址
CR_ADD    EQU    0F002H    ;指令口读地址
DW_ADD    EQU    0F001H    ;数据口写地址
DR_ADD    EQU    0F003H    ;数据口读地址
```

读 BF 和 AC 子程序如下:

```
          PUSH   DPH
          PUSH   DPL
          PUSH   ACC
          MOV    DPTR,#CR_ADD
          MOVX   A,@DPTR
```

```
        MOV     COM,A
        POP     ACC
        POP     DPL
        POP     DPH
        RET
```

写指令代码子程序如下:

```
PR1:    PUSH    DPH
        PUSH    DPL
        PUSH    ACC
        MOV     DPTR,#CR_ADD
PR11:   MOVX    A,@DPTR
        JB      ACC.7,PR11
        MOV     A,COM
        MOV     DPTR,#CW_ADD
        MOVX    A,@DPTR
        POP     ACC
        POP     DPL
        POP     DPH
        RET
```

写显示数据子程序如下:

```
PR2:    PUSH    DPH
        PUSH    DPL
        PUSH    ACC
        MOV     DPTR,#CR_ADD
PR21:   MOVX    A,@DPTR
        JB      ACC.7,PR21
        MOV     A,COM
        MOV     DPTR,#CW_ADD
        MOVX    @DPTR,A
        POP     ACC
        POP     DPL
        POP     DPH
        RET
```

(2) 采用间接控制方式,初始化程序如下:

```
COM     EQU     20H             ;指令寄存器
DAT     EQU     21H             ;数据寄存器
RS      BIT     P3.2            ;寄存器选择信号
R_W     BIT     P3.4            ;读/写选择信号
E       BIT     P3.5            ;使能信号
```

读 BF 和 AC 子程序如下:

```
PR0:    PUSH    ACC
        MOV     P1,#0FFH
```

```
        CLR     RS
        SETB    R_W
        SETB    E
        MOV     COM,P1
        CLR     E
        POP     ACC
        RET
```

写指令代码子程序如下：

```
PR1:    PUSH    ACC
        CLR     RS
        SETB    R_W
PR11:   MOV     P1,#0FFH
        SETB    E
        MOV     A,P1
        CLR     E
        JB      ACC.7,PR11
        CLR     R_W
        MOV     P1,COM
        SETB    E
        CLR     E
        POP     ACC
        RET
```

写显示数据子程序如下：

```
PR2:    PUSH    ACC
        CLR     RS
        SETB    R_W
PR21:   MOV     P1,#0FFH
        SETB    E
        MOV     A,P1
        CLR     E
        JB      ACC.7,PR21
        SETB    RS
        CLR     R_W
        MOV     P1,DAT
        SETB    E
        CLR     E
        POP     ACC
        RET
```

四、实验仪器与器件

1. 硬件设备：可插接标准双列直插插座的实验电路板(1 块)、51 系列单片机仿真系统(1 台)、直流稳压电源(+5V)(1 台)、采用 HD44780U 作为控制器的点阵字符型液晶显示器

(1 块)。

2. 主要实验器件：74LS373、74LS138、74LS00(各 1 块),电容(若干),电位器(1 只)。

五、实验报告要求

1. 绘出实验线路图。
2. 写出程序。
3. 记录调试过程。

六、实验报告要求

1. 复习有关点阵字符型液晶显示器显示接口的内容,以及采用 HD44780U 作为控制器的点阵字符型液晶显示器的工作原理。
2. 设计出实验线路图。
3. 拟定实验的方法、步骤。
4. 编写出相关程序。

【提高篇】

1. 在完成基础篇的基础上,完成能实现左右滚动显示的软件设计。

2. 选用有背景光的显示屏,完成对背景光进行程控的软硬件设计,例如,5 秒钟后背景光自动关闭。

实验 4.5　点阵图形式 LCD 显示接口

【基础篇】

一、实验目的

1. 掌握点阵图形式 LCD 显示接口的工作原理。
2. 掌握点阵图形式 LCD 显示接口 DMF5001N 的应用。

二、实验原理

1. DMF5001N 点阵图形式 LCD 显示接口的特点。

DMF5001N 图形点阵液晶显示模块由 160 × 128 点阵的液晶屏、T6961A 点阵液晶显示驱动器、T6963C 点阵液晶显示控制器及 TC5565AFL 64K RAM 构成,这些部件均集成在液晶显示模块上。

T6963C 点阵液晶显示控制器有 8 根数据线及 6 根控制线,可以和外部的 CPU 相连,接受 CPU 的控制,进行编程输入,通过 T6963C 控制器内部的 128 个字节的字符发生器,就能

控制外部的64K RAM。TC5565AFL为64K随机存储器,它全部可供用户编程作为显示缓冲区使用,其主要特点如下:

(1) DMF5001N图形点阵液晶显示器的点阵分布为160×128,每个点阵大小0.58mm×0.58mm。

(2) 液晶显示器的显示方式为字符显示方式及图形显示方式。各显示方式的显示形式为:

① 在字符显示方式下,字符尺寸大小是8×8点阵,一屏可显示16行20列,共320个字符。

② 在图形显示方式下,图形的最小显示单元是一点阵,但它是以1×8个点阵为一个基本单元存放在RAM中的,一屏画面由128(行)×20(列)组成,共有20480个点阵,占用2560字节RAM。

③ 在图形与字符混合显示方式下,图形缓冲区的内容和文本缓冲区的内容可进行与、或、异或等逻辑操作后混合显示,达到字符和图形混合显示的目的。

(3) 液晶显示器可以读和复制显示屏幕数据,也可以软件编程设置文本和图形显示窗口。

(4) 液晶显示模块可以控制光标和字符的亮、暗及闪烁,也可控制字符正常或倒置显示。

(5) DMF5001N液晶显示器外型尺寸为129×102×12.8mm^3,用+5V供电(另有-21V通过电位器调节控制显示灰度),其功耗为550mW(全显示的最大值)。

DMF5001液晶显示器的地址有两种,一种是硬件设备所确定的地址,对该地址执行读操作就能读出液晶显示器的状态和屏幕显示的内容,对该地址写就是输入对液晶显示器的各种操作命令和显示数据。另一种地址就是DMF5001N液晶显示器内部64K RAM的地址,该地址从0000H至0FFFFH,全部可由用户作为显示缓冲区编程使用。显示缓冲区RAM的地址与显示屏上的几何位置是一一对应的。

2. 文本缓冲区和图形缓冲区的地址安排。

DMF5001N液晶显示器在字符显示方式下,字符尺寸大小是8×8个点阵,一屏可显示16行20列,共320个字符。如表4-5所示,在所对应的RAM缓冲区中,每个字符需要1个字节,一屏画面共需320个字节的RAM。

表4-5　文本缓冲区的地址安排

TH	…………………	TH+19
TH+1TA	…………………	TH+1TA+19
TH+2TA	…………………	TH+2TA+19
⋮		⋮
TH+15TA	…………………	TH+15TA+19

注:TH为该屏文本缓冲区的起始地址,TA为每行的列数(20)。

在图形显示方式下,图形的最小显示单元是点阵中的一个点,并以1×8为一个基本单元存取数据,一屏画面就由128(行)×20(列)组成。如表4-6所示,一屏面画就需有2560

个字节的 RAM。DMF5001N 液晶显示模块上的 64K 随机存储器,全部可由用户同时自由安排多个(屏)字符缓冲区和多个图形显示缓冲区,显示时可由软件自由选择显示哪一个缓冲区的内容,或哪两个(图形和文本)显示缓冲区内容叠加的结果图形。为了能使图形和文本混合显示,可以在屏幕上划分文本说明区和图形显示窗口。文本说明区的显示字符都放入文本缓冲区对应位置的 RAM 内;图形显示窗口的内容都放入图形缓冲区对应位置的地址中。

表 4-6　图形缓冲区的地址安排

GH	························	GH + 19
GH + 1GA	························	GH + 1GA + 19
GH + 2GA	························	GH + 2GA + 19
⋮		⋮
GH + 127GA	························	GH + 127GA + 19

注：GH 为该屏图形缓冲区的起始地址,GA 为每行的列数(20)。

3. T6963C 点阵液晶显示控制器的指令系统。

与上述点阵字符型液晶显示模块类似,我们对 DMF5001N 液晶显示模块的操作实际上就是对液晶控制器 T6963C 的操作,但参数设置时又不能脱离具体的液晶显示屏而随意操作,所以在对 DMF5001N 液晶显示模块编程时有必要对点阵液晶显示控制器 T6963C 的指令系统有所了解。点阵液晶显示控制器 T6963C 共有 11 条指令,详解如下。

(1) 显示地址设置(DISPLAY ADDRESS SET)。

0	1	0	0	0	0	N1	N0

参数：D1,D2

N1	N0	说　明	D1	D2
0	0	文本初始地址	地址低字节	地址高字节
0	1	文本区列数	列数	00H
1	0	图形区起始地址	地址低字节	地址高字节
1	1	图形区列数	列数	00H

(2) 地址指针设置(REGISTER SET)。

0	0	1	0	0	N2	N1	N0

参数：D1,D2

N2	N1	N0	说　明	D1	D2
0	0	1	光标指针地址设置	水平位置(低 7 位)	垂直位置(低 5 位)
0	1	0	偏置寄存器地址设置	偏置地址(低 5 位)	00H
1	0	0	显示地址设置	地址低字节	地址高字节

(3) 显示状态设置(DISPLAY MODE)。

1	0	0	1	N3	N2	N1	N0

N0	光标闪烁设置	1/0	闪烁/不闪烁
N1	光标显示设置	1/0	显示光标/隐藏光标
N2	文本显示设置	1/0	启用文本显示/禁止文本显示
N3	图形显示设置	1/0	启用图形显示/禁止图形显示

(4) 光标形状设置(CURSOR PATTERN SELECT)。

1	0	1	0	0	N2	N1	N0

光标大小为 8 点阵列 × N 行,行的数值由 N2N1N0 决定(0 ~ 7),CSRP 指令中 N2N1N0 为选择光标自下往上的厚度(000 ~ 111)。

(5) 一次数据读/写(DATA READ WRITE)。

1	1	0	0	0	N2	N1	N0

参数: D1

N2	N1	N0	说　明	D1
0	0	0	数据写,地址指针加 1	被写数据
0	0	1	数据读,地址指针加 1	无参数
0	1	0	数据写,地址指针减 1	被写数据
0	1	1	数据读,地址指针减 1	无参数
1	0	0	数据写,地址指针不变	被写数据
1	0	1	数据读,地址指针不变	无参数

(6) 数据自动读写方式设置(DATA AUTO READ WRITE)。

1	0	1	1	0	0	N1	N0

N1	N0	说　明
0	0	数据自动写
0	1	数据自动读
1	*	终止自动方式

注意:“ * ”表示任意值

(7) 显示方式设置(DISPLAY MODE SET) 。

1	0	0	0	N3	N2	N1	N0

N2	N1	N0	说　明
0	0	0	图形和文本逻辑或
0	0	1	图形和文本逻辑异或
0	1	1	图形和文本逻辑与

1　0　0　　文本属性

N3　　　　"0",内部字符发生器;"1",外部字符发生器

(8) 屏幕读(SCREEN READ)。

1	1	1	0	0	0	0	0

这个指令用于从屏幕上读取一字节的显示数据,如果地址不是图形 RAM 区,这个指令就被忽略(该指令不能用在文本区),并且检测状态标志 STA6;如正确,就读取数据。

(9) 屏幕拷贝(SCREEN COPY)。

1	1	1	0	1	1	1	1

如果说地址指针和图形指针一致,在地址指针指定的地址写一行显示的数据;如果地址在文本区,这个指令被忽略,并且建立状态标志 STA6。

(10) 位操作(BIT SET RESET)。

1	1	1	1	N3	N2	N1	N0

该指令把显示缓冲区内某单元的某一位置"1"或清"0"。

N3　　　　被写入的数据("1"或"0")

N2　N1　N0　　000 ~ 111(当前地址指针所指字节的位地址,取值 0 ~ 7)

(11) 读状态标志(STATUS)。

STA7	STA6	STA5	STA4	STA3	STA2	STA1	STA0

STA0	指令准备标志	1:准备好	0:忙
STA1	数据准备标志	1:准备好	0:忙
STA2	自动读准备标志	1:准备好	0:忙
STA3	自动写准备标志	1:准备好	0:忙
STA4	未用		
STA5	停止振荡和复位	1:可以	0:不可以
STA6	出错标志	1:出错	0:未出错
STA7	闪烁标志	1:显示闪烁	0:显示不闪烁

三、实验内容

图 4-13 是 DMF5001N 液晶显示模块与单片机接口的实际应用电路,用一个 8032 单片机最小系统就可直接控制 DMF5001N,液晶显示器的数据总线、电源线及读写线可与单片机最小系统的数据总线、电源线,及读、写控制线直接相连。

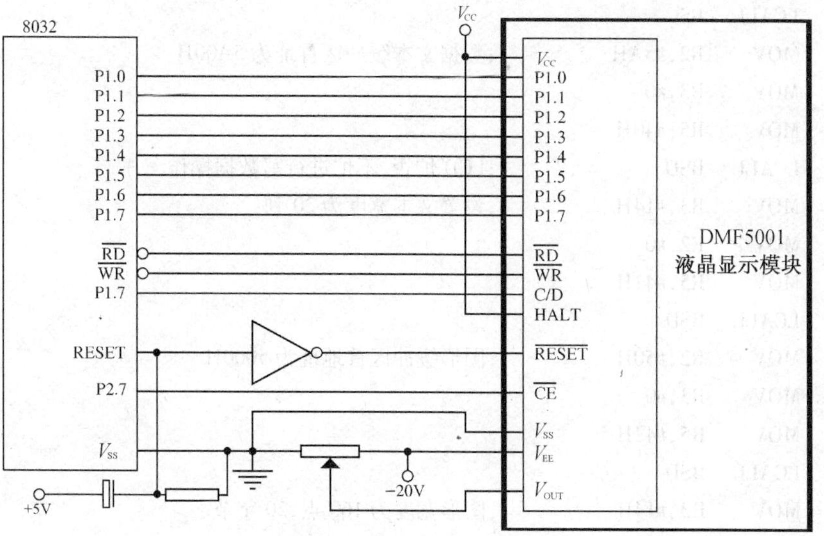

图 4-13　DMF5001N 液晶显示器的实际应用电路

DMF5001N 液晶显示器的复位信号和 8032 单片机复位信号正好反相，DMF5001N 液晶显示器的指令/数据（C/D）控制信号由单片机端口 P1.7 控制；时钟控制信号（HALT）可受控制，也可接高电平（内部振荡器一直工作，不受控制）。图 4-13 采用接高电平，不受控制。DMF5001N 液晶显示器在单片机系统中作为外部设备使用，它的地址可以线选或译码后给出。在该电路中由单片机 P2.7 端口线选，其地址为 7FFFH。

图 4-13 的初始化软件流程如图 4-14 所示。

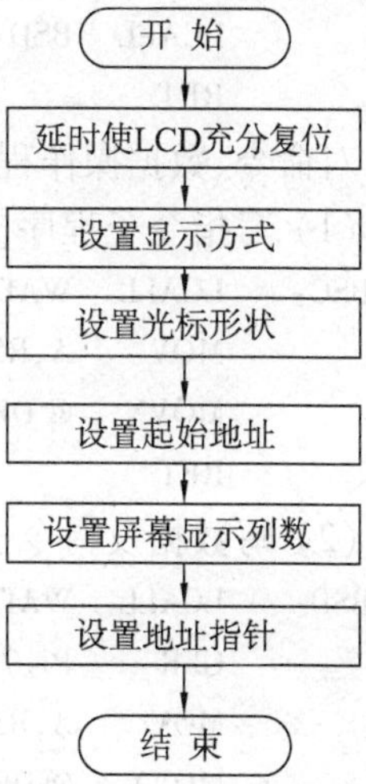

图 4-14　DMF5001 液晶显示器初始化流程图

其初始化程序如下（要写入的指令放在指令缓冲区 R5 中，要写入的数据 D1、D2 放在数据缓冲区 R2、R3 内）：

```
FMAT:   MOV    R2,#5        ;延时使 LCD 充分复位
DALY1:  MOV    R3,#0
DALY2:  MOV    R4,#0
DALY3:  DJNZ   R4,DALY3
        DJNZ   R3,DALY2
        DJNZ   R2,DALY1
        MOV    R5,#9DH      ;设置为文本图形混合工作方式
                            ;光标闪烁但暂不亮
        LCALL  BSC          ;LCD 忙否,进行指令操作
        MOV    R5,#0A7H     ;设置为文本图形混合工作
        LCALL  BSC
        MOV    R2,#0        ;光标坐标初始化为 0 行 0 列
        MOV    R3,#0
        MOV    R5,#21H
        LCALL  BSD          ;LCD 忙否,不忙进行写数据操作
        MOV    R5,#81H      ;设置文本和图形异或方式显示
```

```
        LCALL   BSC
        MOV     R2,#5AH          ;数据文本缓冲区首址为5A00H
        MOV     R3,#0
        MOV     R5,#40H
        LCALL   BSD              ;LCD 忙否,不忙进行写数据操作
        MOV     R3,#14H          ;设置文本宽度为 20 列
        MOV     R2,#0
        MOV     R5,#41H
        LCALL   BSD
        MOV     R2,#50H          ;图形缓冲区首地址为 5000H
        MOV     R3,#0
        MOV     R5,#42H
        LCALL   BSD
        MOV     R3,#14H          ;图形宽度为 160 点,20 字节
        MOV     R2,#0
        MOV     R5,#43H
        LCALL   BSD
        RET
```

对命令、数据操作程序如下：

(1) 写指令子程序[(R5)中为指令代码]：

```
BSC:    LCALL   WAIT             ;LCD 忙否
        MOV     A,R5             ;读取指令
        MOVX    @DPTR,A          ;写指令
        RET
```

(2) 写数据及指令子程序[(R2、R3)为被写数据,(R5)为指令代码]。

```
BSD:    LCALL   WAIT             ;LCD 忙否
        CLR     P1.7             ;准备写数据
        MOV     A,R3
        MOVX    @DPTR,A          ;写数据
        INC     DPTR             ;移指针
        MOV     A,R2
        MOVX    @DPTR,A          ;写数据
        LCALL   BSC              ;写指令
        RET
```

(3) 检查忙否。

```
WAIT:   MOV     DPTR,#7FFFH      ;选中 LCD
        SETB    P1.7             ;准备读状态
        MOVX    A, @DPTR         ;读 LCD 状态
        ANL     A,#03H           ;取 STA0、STA1 位
        CJNE    A,#03H,WAIT      ;LCD 忙,等待
        RET
```

四、实验仪器与器件

1. 硬件设备：可插接标准双列直插插座的实验电路板(1块)、51系列单片机仿真系统(1台)、直流稳压电源(+5V、-21V)(1台)、DMF5001N液晶显示模块(1块)。

2. 主要实验器件：电容(若干)、电阻(若干)、电位器(1只)。

五、实验报告要求

1. 绘出实验线路图。
2. 列出程序。
3. 记录调试过程。

六、实验预习要求

1. 复习有关点阵图形式LCD显示接口的内容,以及DMF5001N液晶显示模块的工作原理。
2. 设计出实验线路图。
3. 拟定实验的方法、步骤。
4. 编写出相关程序。

【提高篇】

1. 在完成基础篇的基础上,完成能实现左右、上下滚动显示的软件设计。

2. 选用有背景光的显示屏,完成对背景光进行程控的软硬件设计,例如,5秒钟后背景光自动关闭。

3. 完成能实现动画显示的软件流程图设计(提示：先将需显示的动画画面转换成点阵图形式,然后将这些点阵图以字库的方式存入程序存储器)。

第五章　驱动接口

实验5.1　步进电机驱动接口

【基础篇】

一、实验目的

1. 掌握混合式步进电机的工作原理。
2. 掌握混合式步进电机驱动的硬件接口和编程方法。

二、实验原理

步进电机是一种把电脉冲信号变换成角位移的执行元件。角位移量与脉冲数成正比，因此它的转速与脉冲频率成正比。在负载能力范围内，其性能不因电源电压、负载、环境条件的变化而变化，并能在宽广的范围内，通过改变脉冲频率来调速，能快速起动、反转与制动。所以步进电机是微机控制系统中一种十分重要的执行元件，在位置控制系统中有着广泛的应用。

步进电机的驱动方式一般分为两种，即基本型和串阻型。

1. 基本型。

基本型驱动方式如图5-1所示，适用于步进电机绕组的阻抗较大、输入功率较小、低速运转的场合。这种驱动电路结构简单，运转稳定性好，但起动频率较低。

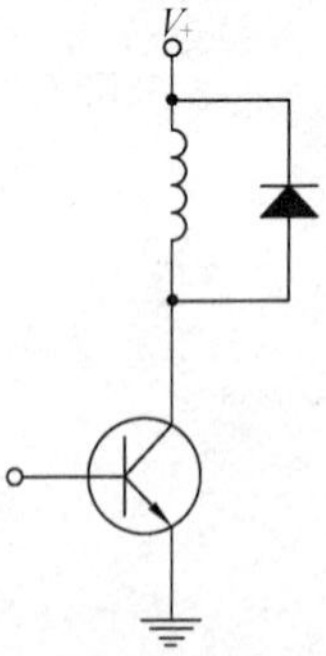

图5-1　步进电机基本型驱动方式

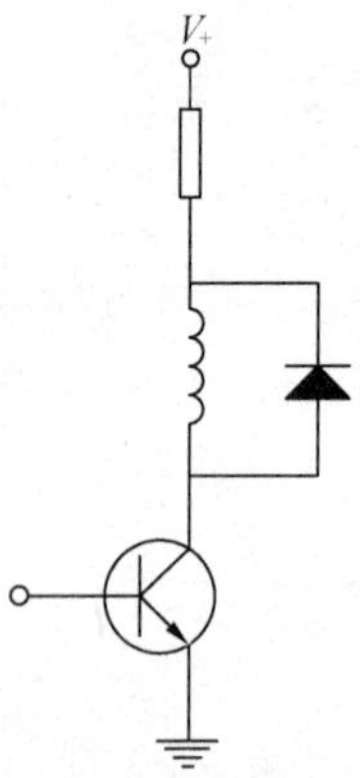

图5-2　步进电机串阻型驱动方式

2. 串阻型。

串阻型驱动方式如图5-2所示，适用于绕组阻抗较小，输入功率较大，转速较高的场合。

该电路的特点是起动频率较高。

由微型计算机对步进电机控制的原理如图 5-3 所示。它由微机、接口电路、驱动电路等组成。从微机输出口送出的步进电机驱动脉冲信号经接口电路锁存后送驱动电路驱动步进电机运行。

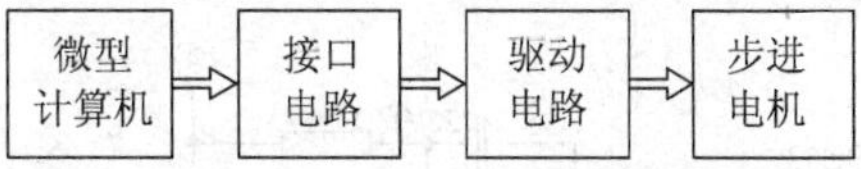

图 5-3 微机控制步进电机原理框图

系统设计主要应解决以下几个问题：

① 用软件产生驱动步进电机的脉冲序列。

② 计算步进电机起动频率及运行频率。

③ 设计硬件接口电路。

④ 选择驱动器元件。

⑤ 保护电路的设计。

常用的步进电机有二相、三相、四相、五相、六相等，其旋转方向与内部绕组的通电顺序有关。目前，使用最广泛的是四相步进电机，它特别适合于小型微机控制系统。

四相步进电机常用的工作方式有两种：

① 单四拍，通电顺序为

A → B → C → D →（返回 A）

② 四相八拍，通电顺序为

A → AB → B → BC → C → CD → D → DA →（返回 A）

如果按上述通电顺序通电，步进电机正转。反之，则反转。

三、实验内容

验证四相步进电机基本型驱动方法，实验采用 42BYGH003 型四相步进电机，该电机工作电压为 12V，每相工作电流为 0.31A，直流电阻为 38.5Ω，电感为 18MH，步距角为 1.8°。图 5-4 所示的是硬件接口电路。89C52 通过 P0 口外扩一片 74LS273，使用 7407 输出移位脉冲信号，驱动管采用 VMOS 管 V40DT，续流二极管采用肖特基二极管 MBR640。在 74LS273 的 CLR 端增加了一个上电复位电路，其功能是确保电路在接通电源时四相绕组均不通电。

实验用软件驱动程序如下。该程序可以使 42BYGH003 型四相步进电机旋转一周。

```
STEPRUN:  MOV     R7,#200        ;运行步数送 R7
          MOV     DPTR,#7FFFH    ;送 74LS273 地址
          MOV     A,#11H         ;驱动字送 A
RE:       MOVX    @DPTR,A        ;运行一步
          RL      A              ;驱动字移位
          LCALL   DELAY          ;延时
          DJNZ    R7,RE          ;没运行完继续
          RET                    ;返回
```

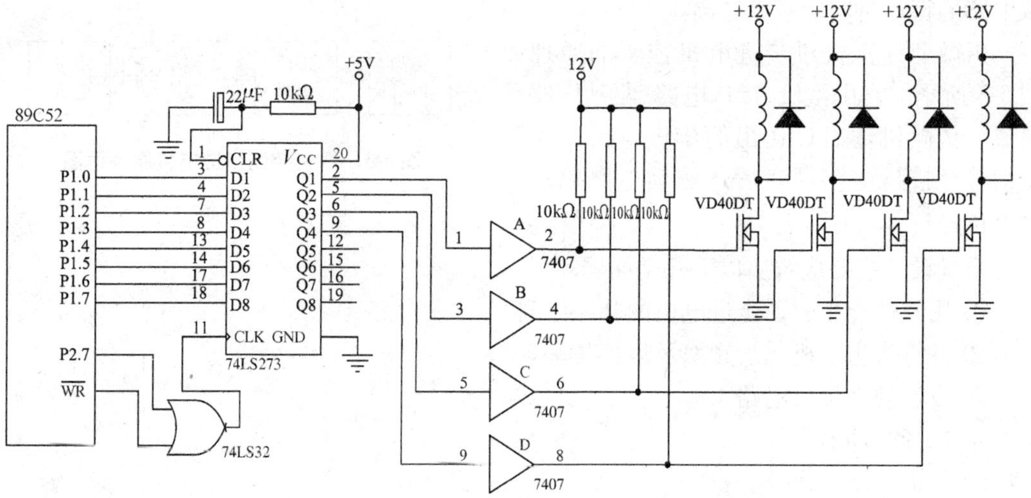

图 5-4　四相步进电机与 89C52 的硬件接口

步进电机运行速度可以通过改变 DELAY 时间来改变，但必须注意步进电机空载起动频率和带载运行频率这两个参数。如果程序送出的移位脉冲频率超过了这两个参数，则会引起步进电机运行失步。

四、实验仪器与器件

1. 硬件设备：可插接标准双列直插插座的实验电路板（1 块）、51 系列单片机仿真系统（1 台）、直流稳压电源（+5V、+12V）（1 台）、42BYGH003 型四相步进电机（1 只）。

2. 主要实验器件：74LS273、74LS32、7407（各 1 块），场效应 VMOS 管 V40DT（4 只），肖特基二极管 MBR640（4 只），电容（若干），电阻（若干）。

五、实验报告要求

1. 绘出实验线路图。
2. 列出程序。
3. 记录调试过程。

六、实验预习要求

1. 复习有关步进电机驱动接口的内容，以及混合式步进电机的硬件接口和编程方法。
2. 设计出实验线路图。
3. 拟定实验的方法、步骤。
4. 编写出相关程序。

【提高篇】

步进电机整步运行时，有时会出现步距角太大，不能满足较高控制精度，这时需采用步

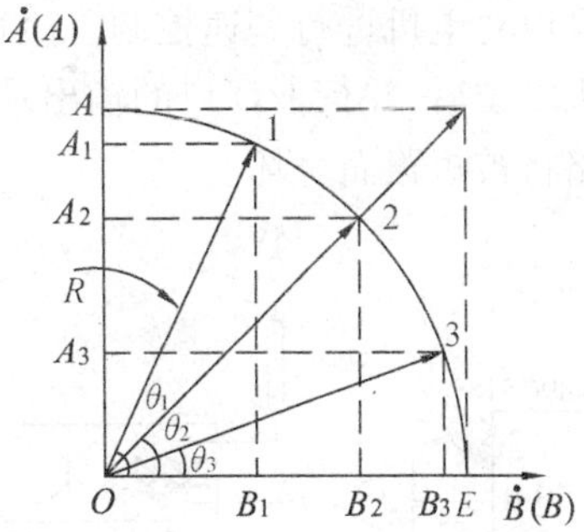

图 5-5 A 相和 B 相磁场矢量图

进电机电细分运行技术进行控制。现仍以 42BYGH003 型步进电机为例讨论细分运行。该电机以单四拍方式运行，每步为 1.8°，即磁场旋转 90°，角位移量为 1.8°，如果磁场旋转 360°，角位移量为 7.2°。A 相和 B 相的磁场矢量图如图 5-5 所示。

如果将 A 相通电时定义为起始位“0”，则从 A 相通电变为 B 相通电，磁场方向旋转了 90°，角位移为 1.8°。如果 A 相、B 相同时通电，则其合矢量方向为图中的“2”所示的位置，夹角 θ_2 为 45°，这是四相八拍运行方式。若以 A 相或 B 相单独通电时产生磁场的大小为半径（以 R 表示）作这四分之一圆，即可算出在位置“1”时的两个分量 $A_1 = R\sin\theta_1$，$B_1 = R\cos\theta_1$，同理可以算出 $A_2 = R\sin\theta_2$，$B_2 = R\cos\theta_2$，$A_3 = R\sin\theta_3$，$B_3 = R\cos\theta_3$。由于步进电机是直流供电，所以一旦步进电机位移完成，可以认为它是一个纯电阻负载，因此其磁场的大小只依赖于 I 的大小，即取决于加载在绕组两端的电压，这样我们便可通过对绕组两端电压的调整，实现步进电机的细分运行。用这样的办法可以方便地实现 1/4、1/8、1/16、1/32、1/64 步的细分运行，目前细分至 1/1024 步的驱动器已有成熟的产品。

当然，由于磁滞效应和磁化曲线的非线性等原因，理论计算的细分数据与实际运行的结果还有误差，需要设计人员在调试时，用软件进行修正。

在完成基础篇的基础上，根据步进电机电细分驱动的原理，设计能实现步进电机电细分驱动的硬件电路图。

实验 5.2 “H”型驱动接口的应用

【基础篇】

一、实验目的

1. 掌握“H”型驱动接口的工作原理。
2. 掌握“H”型驱动接口驱动直流电机的硬件接口和编程方法。

二、实验原理

用微机控制“H”型驱动接口，经常用来实现对直流电机运转方向的控制，图 5-6 便是这样一个控制接口电路图。89C51 单片机通过 P1.0、P1.1 分别送出正、反转的驱动信号，经 7407 同相驱动器驱动光电耦合器 4N25，驱动信号由光电耦合器输出，驱动三极管。直流伺服电机的驱动电路由桥式“H”型驱动接口电路组成，该电路由 2 只 PNP 型和 2 只 NPN 型达林顿结构的三极管组成。当 P1.0 为“0”、P1.1 为“1”时，T1、T3 导通，电机正转；当 P1.0 为“1”、P1.1 为“0”时，T2、T4 导通，电机反转。假如从 P1.0、P1.1 送出的是 PWM 信号，则同样可以对电机进行调速控制。值得注意的是,该电路必须用“0”信号作为有效信号,因为单片机复位后,并行 I/O 口的输出端均为“1”,若 P1.0、P1.1 均为“1”有效,则桥式“H”型驱动电路将被短路而烧坏。

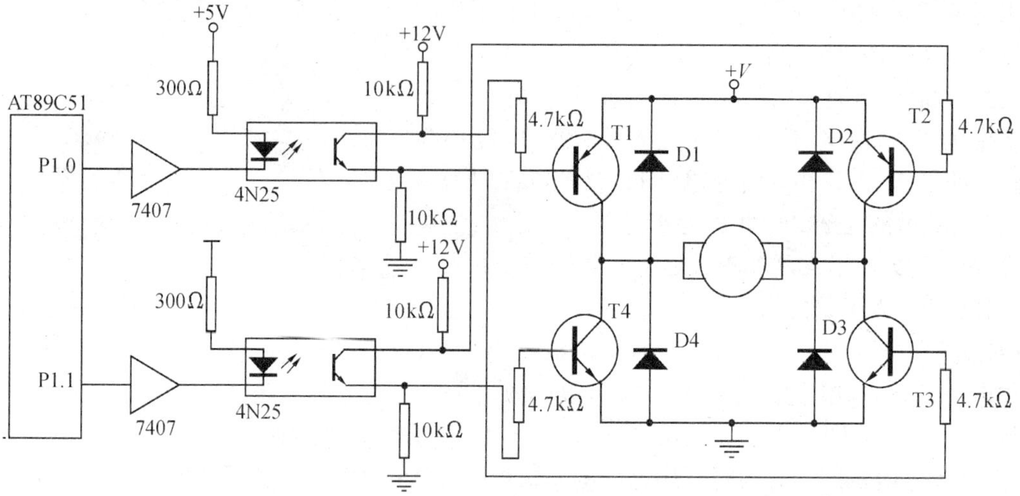

图 5-6　实现正、反转的直流伺服电机控制电路

三、实验内容

验证微机控制“H”型驱动接口,实现对直流电机运转方向的控制。实验采用 76ZYT001AC 永磁直流电机,该电机工作电压为 15V,工作电流为 1.0A。图 5-6 所示为硬件接口电路。89C51 通过 P1.0、P1.1 驱动 7407,通过光电耦合器进行电平转换并驱动“H”型驱动电路,“H”型驱动电路的驱动管 T1、T2 采用 PNP 型晶体管,T3、T4 采用 NPN 型晶体管,续流二极管采用肖特基二极管 MBR640。

实验用驱动程序如下。该程序实现电机连续顺转 5 秒,逆转 5 秒。

```
RUN:  ORL    P1,#03H      ;电机不通电
RE:   CLR    P1.0         ;电机顺转
      LCALL  DELAY 5s     ;延时 5 秒
      ORL    P1,#03H      ;电机不通电
      LCALL  DELAY 2ms    ;防止短路
      CLR    P1.1         ;电机逆转
      LCALL  DELAY 5s     ;延时 5 秒
      ORL    P1,#03H      ;电机不通电
      LCALL  DELAY 2ms    ;防止短路
      SJMP   RE           ;跳转顺转
```

四、实验仪器与器件

1. 硬件设备:可插接标准双列直插插座的实验电路板(1 块)、51 系列单片机仿真系统(1 台)、直流稳压电源(+5V、+12V)(1 台)、76ZYT001AC 永磁直流电机或其他直流电机(注意如采用其他电机,则驱动电源要与电机匹配)(1 只)。

2. 主要实验器件：7407(1块)、光电耦合器4N25(2只)、PNP型驱动三极管(如2N 2955)(2只),NPN型驱动三极管(如2N 3055)(2只)、肖特基二极管MBR640(4只)、电容(若干)、电位器(1只)。

五、实验报告要求

1. 绘出实验线路图。
2. 列出程序。
3. 记录调试过程。

六、实验预习要求

1. 复习有关"H"型驱动接口的内容,以及驱动直流电机的相关内容。
2. 设计出实验线路图。
3. 拟定实验的方法、步骤。
4. 编写出相关程序。

【提高篇】

"H"型驱动接口也可以用来进行"DC—AC"的转换,实现驱动需用交流电的设备,图5-6中的电机若需用15V(50Hz)交流电源供电,试编写"H"型驱动接口的软件驱动程序[提示：用"PWM"方法进行模拟,得到15V(50Hz)电源]。

实验5.3　打印机接口

【基础篇】

一、实验目的

1. 掌握单片微机打印机接口的工作原理。
2. 掌握单片微机打印机的硬件接口和字符式打印的编程方法。

二、实验原理

打印机是微型计算机系统较常用的输出设备。打印机本身就是一个微型计算机系统,其内部由CPU对打印机的工作进行控制,也有ROM和RAM。其中ROM用于存放控制程序和字库,RAM用于存放需要打印的信息,即所谓打印缓冲区。与主机相连接的并行接口和串行接口用于接收打印命令和需要打印的信息。同时还有专用的控制面板用于手动控制打印机的状态。图5-7所示为打印机的基本组成结构框图。

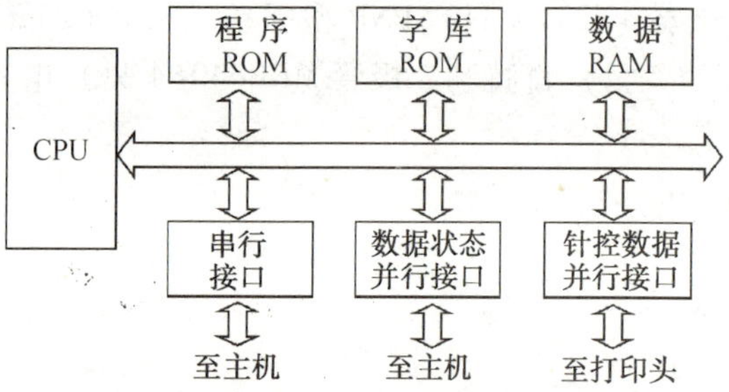

图 5-7 针式打印机的基本组成与结构

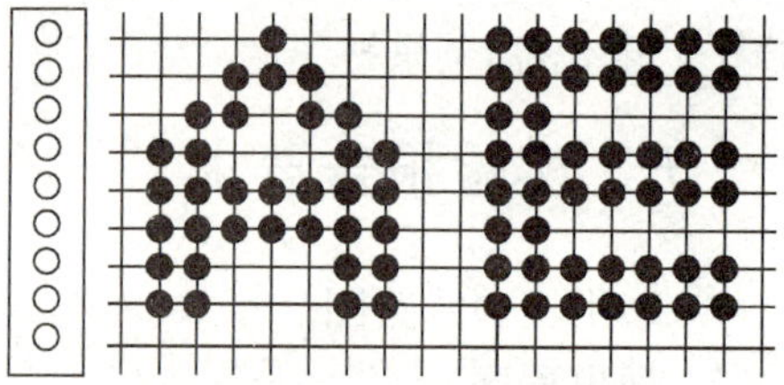

图 5-8 针打印头与字符点阵

微型打印机及许多早期的打印机都是针式打印机。针式打印机的打印头有一排受控针头,针头的数量一般分为 9 针、16 针和 24 针等。当针头从打印头内弹出时,便会通过色带在纸上留下一个墨点。而字符和图形便是由这些墨点(点阵)所组成的。图 5-8 表示了 9 针打印头及用 9×9 点阵组成的字母 A 和 E 的情况。

打印机的内部都有相应的控制器用来控制和协调打印机的工作。以字符打印为例,当打印机接收到一个需要打印的字符(通常为 ASCII 码)时,控制器首先查找该字符的点阵代码(字模),然后控制打印头按照从左到右的顺序依次取出该字符的点阵代码打印出来,每打印一列,打印头便向右移动一个位置。为使打印出的字符在行与行之间和字符之间留有空隙,在 9×9 点阵中总要空出一些行和列不打印。这样 9×9 点阵的代码就可以用 8 位二进制数字表示。在打印机中,把每种字符的点阵代码都预先存放在 ROM 中,并按照一定的规律排列,形成一个字符点阵库,简称字库。打印字符时只要根据要打印的字符查找字库,将其点阵代码取出逐列打印即可。

例如,打印字符“A”时,根据图 5-8,可以查出其点阵代码依次为“00”、“1F”、“3F”、“6C”、“CC”、“6C”、“3F”、“1F”、“00”。打印头首先打印第一列点阵“00”(实际上为空打),然后打印头向右移动一列位置,再打印第二列点阵“1F”,再向右移动到第三列位置,打印第三列点阵。如此重复 9 次,完成一个字符的打印。

由于打印机的机械打印速度远低于信息的传送速度,而打印机打印缓冲区的大小又是有限的,因此通常每次传送给打印机的数据以一行为限。一旦打印缓冲区满或输入信息中有回车(换行)符号,则打印机需要回送一个“忙”信号并停止接收信息,然后开始打印工作,直到打印工作完成后才开始接收新的信息。

1. 并行接口总线标准。

打印机与主计算机的连接有串行和并行两种方式,而又以并行方式最为常见。串行接口通常为 RS-232 标准接口。并行连接通常遵循 Centronics 接口标准。这个标准规定了一个 36 芯的插头座,并对每个引脚的信号作了明确的规定,参见表 5-1。

表 5-1 并行打印机接口标准 Centronics 的信号机器定义

引脚号	信 号 名 称	方向	信 号 说 明
1	$\overline{STB}$	入	主机送往打印机的数据选通信号,低电平有效
2~9	DATA0~DATA7	入	主机送往打印机的 8 位并行数据信号
10	$\overline{ACK}$	出	打印机送往主机的应答信号,表示接收数据完毕

续表

引脚号	信号名称	方向	信号说明
11	BUSY	出	打印机送往主机的状态信号,表示不能接收数据
12	PE	出	打印机无纸信号
13	SLCT	出	打印机送往主机的状态信号,表示已经联机
14	$\overline{\text{AUTO FEEDXT}}$	入	主机送往打印机的控制信号,打印结束后自动换行
15	NC		不用
16	0V		逻辑地
17	CHASSIS GND		机箱地(保护地)
18	NC		不用
19～30	GND		信号地(对应1～12脚)
31	$\overline{\text{INIT}}$	入	主机送往打印机的控制信号,打印机初始化
32	$\overline{\text{ERROR}}$	出	打印机送往主机的状态信号,表示打印机出错
33	GND		信号地(对应1～12脚)
34	NC		不用
35	+5V		通过一电阻接至正电源
36	$\overline{\text{SLCTIN}}$	入	主机送往打印机的控制信号,表示打印机被选中

这些信号中有些是属于状态信号,有些是属于数据传输时的应答信号。实际上打印机经常采用与标准兼容的并行接口,即接口信号中作用不大的信号不予考虑,而只使用那些最关键的信号线,微型打印机中尤其如此。上述信号中最关键的信号有$\overline{\text{STB}}$、DATA0～DATA7,BUSY和$\overline{\text{ACK}}$。其他信号是为了更好地控制和协调打印机的工作,以便让打印机正确运行,可以不用。

2. TPμP系列微型打印机。

TPμP系列微型打印机是一种多功能智能打印机,采用EPSON M-150、160、164、180、183等型号的点阵式打印机机头。由单片机控制,使用与标准打印机接口(Centronics并行接口或RS-232串行接口)兼容的接口电路。按照其外形可以分为C系列卧式、T系列台式和A系列面板式打印机;按照其接口形式可以分为并行接口和串行接口;按照其每行打印字符的个数可以分为16列、24列和40列。其型号定义如下:

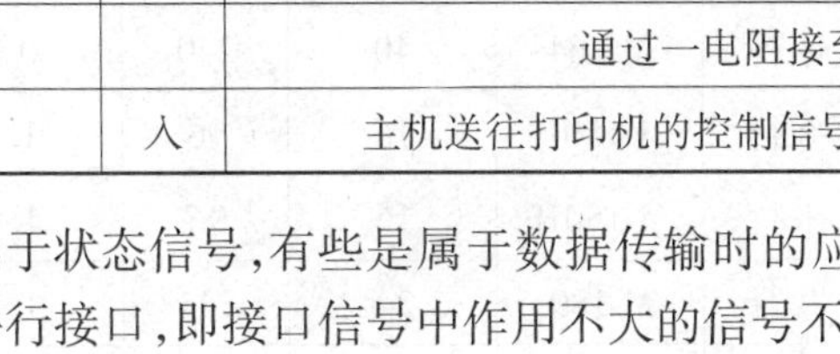

TPμP系列微型打印机的主要机型及性能见表5-2。

表 5-2　TPμP 系列微型打印机的主要机型及性能

系列	打印机型号	接口	机头型号	字符/行	点/行	速度行/秒	备　注
C	TPμP-16B	并行	M-150H	16	96	1.0	—
C	TPμP-24C	并行	M-160	24	144	0.7	增强型,可固化汉字
C	TPμP-40B	并行	M-164	40	240	0.4	—
C	TPμP-40C	并行	M-164	40	240	0.4	增强型,可固化汉字
C	TPμP-40CEC	并行	M-164	40	240	0.4	中华学习机专用
C	TPμP-42P	并行	M-183	42	252	1.0	高速打印
C	TPμP-16S	串行	M-150H	16	96	1.0	—
C	TPμP-40S	串行	M-164	40	240	0.4	—
C	TPμP-42S	串行	M-183	42	252	1.0	高速打印
A	TPμP-16AP	并行	M-150H	16	96	1.0	—
A	TPμP-24AP	并行	M-160	24	144	0.7	—
A	TPμP-40AP	并行	M-164	40	240	0.4	—
A	TPμP-16APE	并行	M-150H	16	96	1.0	简易型
A	TPμP-40AS	串行	M-164	40	240	0.4	—
T	TPμP-16TP	并行	M-150H	16	96	1.0	—
T	TPμP-16TS	串行	M-150H	16	96	1.0	—
T	TPμP-24TP	并行	M-180	24	144	1.7	高速打印
T	TPμP-24TS	串行	M-180	24	144	1.7	高速打印
T	TPμP-40TP	并行	M-164	40	240	0.4	—
T	TPμP-40TS	串行	M-164	40	240	0.4	—
T	TPμP-42TP	并行	M-183	42	252	1.0	高速打印
T	TPμP-42TS	串行	M-183	42	252	1.0	高速打印

打印机作为智能终端,能接收主机发来的打印命令,并完成相应的功能。打印命令不是打印信息,而是一些控制代码,其功能是设定打印机的工作方式,使打印机完成一些特殊的打印动作,如回车、换行、制表、删除等。打印机的打印形式越丰富,其功能也就越强大。然而由于打印机的型号、功能各异,它们的打印命令也有很大的差别。微型打印机的功能比较简单,其打印命令也就比较少。在使用打印机时,一定要参照打印机的使用说明书,以明确打印机各种控制代码的实际功能。

TPμP-16B 微型打印机的主要性能指标如下:

(1) 字符构成: 5×7 点阵(或 6×8 点阵),每行 96 点。

(2) 打印速度: 每点行约 100ms,每行字符约 1s。

(3) 打印字符: 96 个 ASCII 字符,16 个用户自定义字符,64 个特殊符号,64 个图形符号。

(4) 接口：Centronics 并行接口。

(5) 打印命令：单字节打印命令，命令代码为 01H ~ 0FH。

(6) 可靠性：平均无故障行数（MCBF）为 500000 行。

(7) 开关：复位/运行开关、自测试开关和送纸按钮开关。

(8) 电源：直流 5V，1.5A。

TPμP-16B 微型打印机的打印命令见表 5-3。

表 5-3　TPμP-16B 微型打印机的打印命令

命令名称	命令代码	命令格式	命令说明
空位	02、03、04、0B、0C	CC(XX ... ZZ)	CC 为空位命令代码，XX ... ZZ 表示所空位数。
字符打印	字符代码	C1C2 ... 0D	C1C2 为 ASCII 码表示的字符代码，0D 为结束码。
重复打印	0E	XX 0E YY	XX 为重复打印的字符代码，YY 为重复次数。
自定义字符	06	06 XX B1 B2 B3 B4 B5 B6 0D	XX 为所定义代码，B1 ~ B6 为字型定义（6×7 点阵），0D 为结束码。
字库校读	01	01	打印出 16 个自定义字符。
N 条曲线打印	07	07 XX Y1(Y2 Y3 ... Yn)0D	XX 为打印曲线数；Y1，Y2，...，Yn 为各点 Y 方向坐标值（1 ~ 96 点）。
点阵图形打印	0F	0F XX B1(B2 B3 ... Bn) 0D	XX 为点阵图宽（1 ~ 96 点）；B1，B2，...，Bn 为打印点阵（1 ~ 96 点）。
清单打印	08	08	进入/退出“程序清单打印格式”。
更换字符点数	09	09 XX	XX 为字符点行数（00 ~ FFH），缺省为 10D。
回车换行	0A		换行符，不能单独使用。
命令结束	0D		命令结束符，可以代替 0A 做回车换行。

TPμP-40A 微型打印机的主要性能指标如下：

(1) 字符构成：5×7 点阵（或 6×8 点阵）。

(2) 打印字符：448 个字符及图形块。包括 96 个 ASCII 符，32 个用户自定义字符。

(3) 接口：Centronics 并行接口或 RS-232 串行接口。

(4) 输入缓冲区：0.5 ~ 30.5KB。

(5) 打印命令：TPμP 传统打印命令或 ESC/P 命令，可跳线选择。

(6) 可靠性：平均无故障行数（MCBF）为 500000 行。

(7) DIP 开关选择：

① 波特率：19200、9600、4800、2400、1200、600、300、150。

② 奇偶校验：偶校验、奇校验、无校验。

③ 联络方式：标志控制、XON/XOFF 协议控制。

④ 数据位与停止位。

(8) 电源：直流 5V，1.5A。

TPμP-40A 微型打印机的打印命令见表 5-4 和表 5-5,表 5-6 所示的是 TPμP-40A 微型打印机的打印字符。

表 5-4　TPμP-40A 微型打印机的打印命令(TPμP 格式)

命令名称	命令代码	命令格式	命　令　说　明
字符、图符增宽	01	01(01、02、03、04)	打印字符、图符增宽倍数(×1、×2、×3、×4),基准字符 5×7。
字符、图符增高	02	02(01、02、03、04)	打印字符、图符增高倍数(×1、×2、×3、×4),基准字符 5×7。
字符、图符放大	03	03(01、02、03、04)	打印字符、图符放大倍数(×1、×2、×3、×4),基准字符 5×7。
更换行间距	04	04XX	行间距为 XX 点行,XX=00~FFH。
自定义字符点阵	05	05XX B1 B2 B3 B4 B5 B6	XX 为自定义字符代码,B1~B6 为自定义字符的点阵字节。
换码命令	06	06XX YY	XX=10~1FH,YY 为被代换字符代码。
水平制表	07	07XX	XX 为空字符个数。
垂直制表	08	08XX	XX 为空行数(01~FFH)。
复位命令	09	09	恢复 ASCII 代码,清除输入缓冲区。
回车换行	0A	0A	送空格符后回车换行。
无效命令	0B~0C	—	—
回车换行	0D	0D	命令结束符,回车换行。06 命令必须有。
重复打印命令	0E	0EXX YY	XX 为打印字符代码;YY 为重复打印次数。
点阵图打印	0F	0F XX YY_1~YY_n	XX 为点阵宽度(1~240 点);YY_1~YY_n 为点阵列数据字节代码。

表 5-5　TPμP-40A 微型打印机的打印命令(ESC/P 格式)

命令名称	命令代码与格式	命　令　说　明
换行	LF	换行,向前走一行纸。
n 点行走纸	ESC J n	向前 n 点行走纸。
设行间距	ESC 1 n	设置 n 点行间距,n=0~255。
换页	FF	行间距为 XX 点行,XX=00~FFH。
设置页长	ESC C n	页长设置成 n 行(n=0~255),n=0 时为 256 行。
设置装订长	ESC N n	装订长设置成 n 行(n=0~255)。
取消装订长	ESC O	装订长设置成 0 行。

续表

命令名称	命令代码与格式	命 令 说 明
设置垂直制表	ESC B n1 n2 ... NUL	设置垂直制表位置。
垂直制表	VT	打印纸进到下一垂直制表位置。
设置水平制表	ESC D n1 n2 ... NUL	设置水平制表位置。
水平制表	HT	打印纸进到下一水平制表位置。
打印空格或空行	ESC f m n	m = 0 时,打印 n 个空格;m = 1 时,打印 n 行空格。
设置右限	ESC Q n	设置右限在 n 字符处。
设置左限	ESC I n	设置左限在 n 字符处。
横向放大	ESC U n	以正常字符宽度的 n 倍打印,n = 1 ~ 4。
纵向放大	ESC V n	以正常字符高度的 n 倍打印,n = 1 ~ 4。
下画线打印	ESC - n	n = 1 时下画线打印;n = 0 时禁止下画线打印。
上画线打印	ESC + n	n = 1 时上画线打印;n = 0 时禁止上画线打印。
选字符集 1	ESC 6	选择字符集 1 打印。
选字符集 2	ESC 7	选择字符集 2 打印。
行内双宽度打印	SO	按双宽度打印一行字符。
取消双宽打	DC 4	取消由 SO 命令设置的双宽度打印。
反白打印	ESC i n	n = 1 时反白打印;n = 0 时取消反白打印。
反向打印	ESC c n	n = 1 时允许反向打印;n = 0 时禁止反向打印。
用户自定义字符	ESC & m n1 ~ n6	m 为用户自定义的字符代码(32 ~ 255),n1 ~ n6 为 6 × 8 字符点阵字节。
字符集字符替换	ESC % m1 n1 m2 n2 ... NUL	m1、m2 ... 为用户定义的字符代码;n1、n2 ... 为被替换的当前字符集中的字符代码。
恢复字符集	ESC :	恢复被 ESC% 命令所替换的字符集中的代码。
打印点阵图形	ESC K n1 n2 d1 d2 ... CR	n2 = 0;n1 = 1 ~ 240;打印 n1 × 8 点阵图;d1、d2 ... 为图形点阵字节。
打印曲线	ESC m n1 n2 ... nkCR	沿走纸方向打印曲线,m 为曲线条数;n1 n2 ... nk 为曲线沿纸宽方向的打印坐标。
初始化打印机	ESC @	清除打印缓冲区,恢复打印机默认值,删除自定义字符等。
回车	CR	打印机收到该命令后开始打印缓冲区中的数据,打印完后向前走纸一行。
删除一行	CAN	打印缓冲区指针回到上一个回车码。
删除一字符	DEL	删除打印缓冲区内的一个字符。
命令结束符	NUL	用于某些命令之后,表示命令的结束。

表 5-6　TPμP 微型打印机字符集 1 和字符集 2

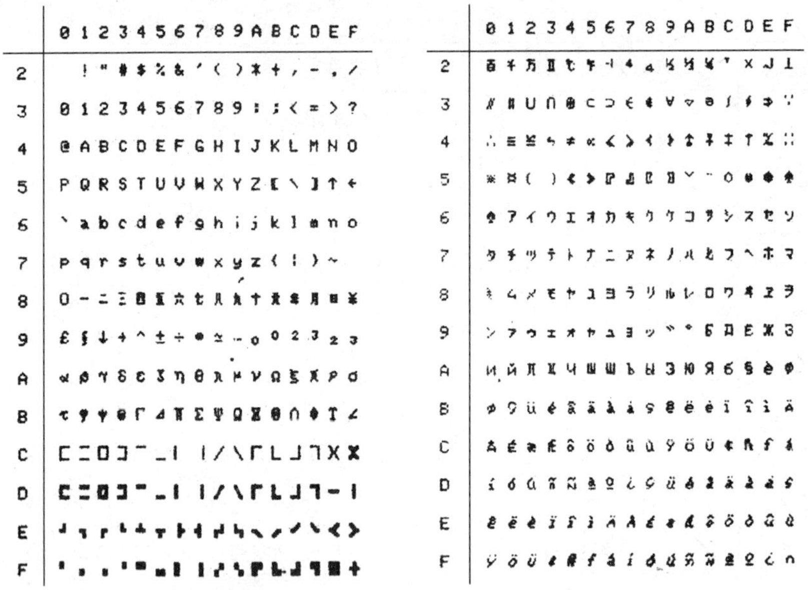

3. TPμP 打印机并行接口设计。

打印机的接口设计包含两个方面的内容，一是如何连接单片机与打印机的接口线路；二是如何根据具体的接口线路编写打印程序。

单片机通常都不具备 Centronics 并行接口，因此必须根据 Centronics 并行接口的定义将单片机与打印机进行恰当的连接，并根据接口时序进行恰当的编程。打印机并行接口有关信号的工作时序关系如图 5-9 所示。

打印机并行接口的时序可以概括为：主机在打印机忙（BUSY）信号线为低电平时输出数据，并给出一个数据选通信号$\overline{\text{STB}}$，将数据锁存入打印机中。在打印机处理此数据期间，忙（BUSY）线为高电平。此时主机不能向打印机发送数据，否则将被丢失。打印机处理完此数据或完成打印操作后，忙线变成低电平，并发出应答信号（$\overline{\text{ACK}}$）脉冲，表示数据已经处理完毕，打印机就可以接收下一个数据了。

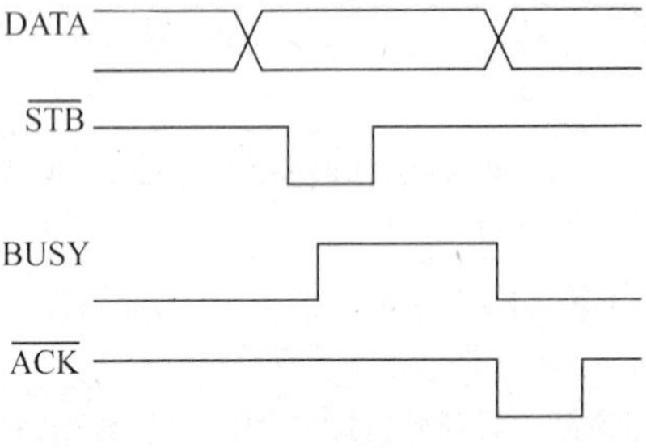

图 5-9　打印机并行接口的工作时序

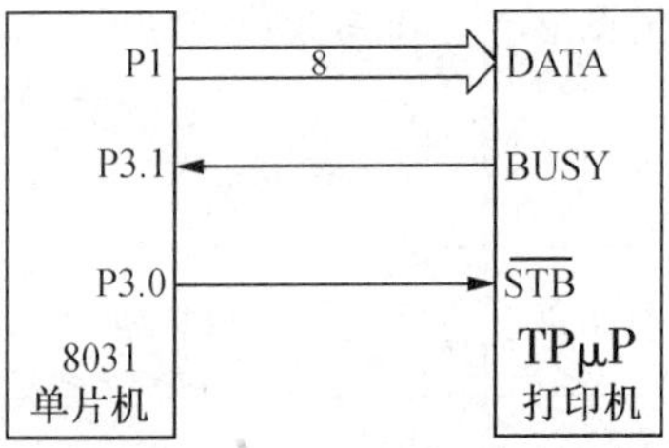

图 5-10　单片机用查询方式与TPμP打印机的接口

单片机一般都具有并行 I/O 端口，也提供相应的外部扩展接口，因此打印机的数据总线可以直接与单片机的并行 I/O 口或扩展数据总线相连接。产生数据选通信号的方法有两种，一是直接利用一根 I/O 端口线通过适当的编程产生，二是利用单片机对外部器件的数据写操作。打印机回送的忙（BUSY）信号通常用于查询方式编程，而应答（$\overline{\text{ACK}}$）信号则用于中断方式编程。这样，根据不同的编程方式可以选用不同的信号进行连接。图 5-10 是单片机用查询方式与 TPμP 打印机接口的例子。在这个例子中，打印的字符数据需通过 P1 口送出，然后通过 P3.0 给出一个$\overline{STB}$信号。再通过查询 P3.1 的状态，可以了解打印机是否已经处理完该数据，以便开始输出打印下一个字符。

具体编程方法如下（设被打印字符数据在累加器 A 中）：

```
MOV     P1,A        ;将被打印数据通过 P1 口输出
CLR     P3.0        ;通过 P3.0 送STB信号
NOP
SETB    P3.0
JB      P3.1,$      ;等待 BUSY 信号结束
```

另外一种产生$\overline{STB}$信号的方法是利用单片机对外部器件的写操作。由“单片机 CPU 时序”一节的介绍可知，MCS-51 单片机在执行 MOVX @ DPTR，A 指令时 D0 ~ D7 与$\overline{WR}$信号的时序同 Centronics 并行接口信号 DATA 与$\overline{STB}$信号的时序是一样的，因此可以按照图 5-11那样将打印机与单片机连接。

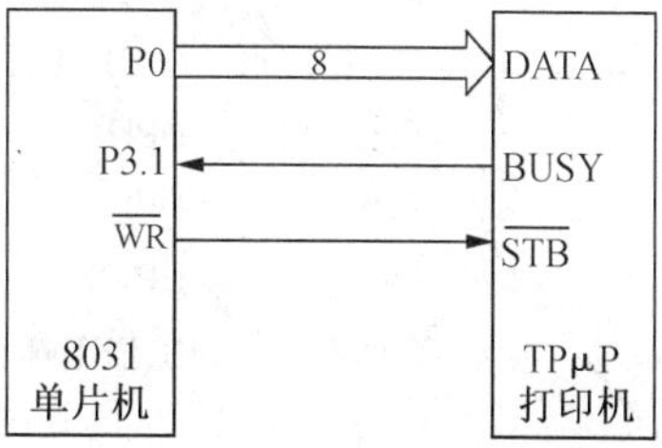

图 5-11　单片机用$\overline{WR}$信号产生$\overline{STB}$信号

相应的打印一个字符的程序如下（设被打印字符数据在累加器 A 中）：

```
MOVX    @DPTR,A
JNB     P3.1,$
```

在这个例子中 DPTR 的内容可以为任何值，即打印机将占用全部的外部数据存储器地址空间。这无疑是一种地址空间的浪费。为了使打印机少占用地址空间，需要对地址信号进行译码，如图 5-12 所示。根据需要可以有不同的译码电路，图 5-12（b）所示是一种较为简单的译码电路，打印机所占用的地址为 0000H ~ 7FFFH。

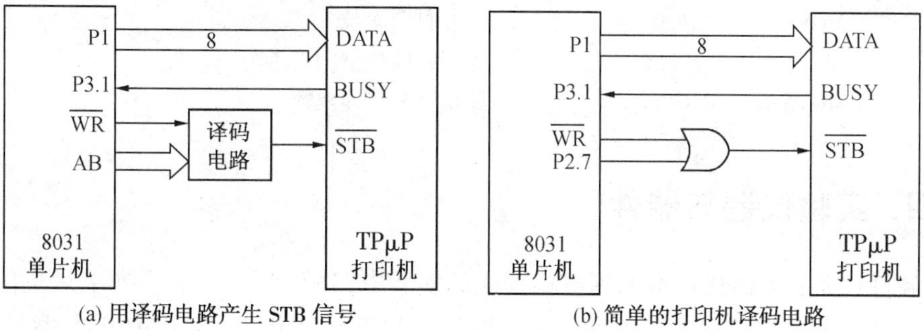

(a) 用译码电路产生 STB 信号　　(b) 简单的打印机译码电路

图 5-12　用译码电路产生$\overline{STB}$信号

三、实验内容

按照图 5-12（b）的接线，编写在 TPμP-40A 微型打印机上打印“∠A + ∠B = 180°”的程序。该字符串所对应的打印代码（ASCII 码）为：0BFH、41H、2BH、0BFH、42H、3DH、31H、38H、30H、9DH，命令结束码为 0DH。将上述的代码依次存放在程序存储器 ROM 中。

相应的打印程序如下（采用 TPμP 打印命令）：

```
STRING:  DB      0BFH,41H,2BH,0BFH,42H
         DB      3DH,31H,38H,30H,9DH,0DH
         ……
         MOV     B,#11            ;设置打印字符串长度
         MOV     DPTR,#STRING     ;设置字符串起始地址
PRINT:   JB      P3.1,$           ;检查打印机是否“忙”
         MOV     A,#0
         MOVC    A,@A+DPTR        ;读取打印数据
         PUSH    DPL              ;保存数据指针
         PUSH    DPH
         MOV     DPTR,#7FFFH
         MOVX    @DPTR,A          ;输出打印数据
         POP     DPH              ;恢复数据指针
         POP     DPL
         INC     DPTR
         DJNZ    B,PRINT
         ……
```

下面的程序利用了 TPμP-40A 微型打印机的重复打印功能，打印出一行 20 个“*”（“*”的 ASCII 码为 2AH）：

```
         MOV     DPTR,#7FFFH
         MOV     A,#0EH           ;重复打印命令
         JB      P3.1,$           ;等待打印机空闲
         MOVX    @DPTR,A          ;输出打印命令
         MOV     A,#2AH           ;打印字符“*”
         JB      P3.1,$           ;等待打印机空闲
         MOVX    @DPTR,A          ;输出打印数据
         MOV     A,#20            ;重复打印次数
         JB      P3.1,$           ;等待打印机空闲
         MOVX    @DPTR,A          ;输出重复打印次数
         ……
```

四、实验仪器与器件

1. 硬件设备：可插接标准双列直插插座的实验电路板（1 块）、51 系列单片机仿真系统（1 台）、直流稳压电源（+5V）（1 台）、TPμP-40A 微型打印机或 TPμP-16B 微型打印机（1 台）。

2. 主要实验器件：74LS32（1 块）。

五、实验报告要求

1. 绘出实验线路图。
2. 列出程序。
3. 记录调试过程。

六、实验预习要求

1. 复习有关微型打印机接口的内容。
2. 设计出实验线路图。
3. 拟定实验的方法、步骤。
4. 编写出相关程序。

【提高篇】

1. 设计出采用中断方式实现字符串打印的微型打印机接口线路图，编写相应的接口程序。

2. 复习有关图形打印的内容，设计出打印“苏州大学”汉字的软件，并进行调试、打印。

第六章 A/D 和 D/A 接口

实验 6.1 逐次逼近型 A/D 转换接口

【基础篇】

一、实验目的

1. 掌握逐次逼近型 A/D 转换基本原理。
2. 掌握 ADC0809 与单片机的接口技术。

二、实验原理

ADC0808/0809 8 位逐次逼近式 A/D 转换器是一种单片 CMOS 器件,包括 8 位的模/数转换器、8 通道多路转换器和与微处理器兼容的控制逻辑。8 通道多路转换器能直接连通 8 个单端模拟输入信号中的任何一个。两种芯片的主要区别在于其精度不同,ADC0808 的最大不可调误差为 ±1/2LSB,而 ADC0809 的最大不可调误差则为 ±1LSB。

ADC0808/0809 的内部结构如图 6-1 所示。片内带有锁存功能的 8 路模拟多路开关,可对 8 路 0~5V 输入模拟电压信号分时进行转换。片内还具有多路开关、地址译码和锁存电路、比较器、256R 电阻 T 型网络、树状电子开关、逐次逼近寄存器 SAR、控制与时序电路等。输出具有 TTL 三态锁存缓冲器,可直接连到单片机数据总线上。

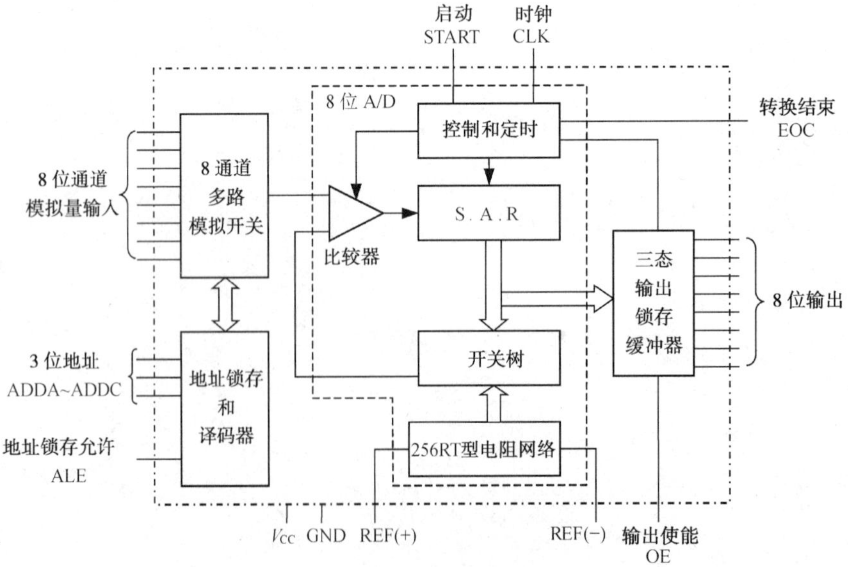

图 6-1 ADC0808/0809 的内部结构

ADC0808/0809 主要技术指标如下：

（1）8 位分辨率。

（2）最大不可调误差 ADC0808 小于 ±1/2LSB，ADC0809 小于 ±1LSB。

（3）单一 +5V 供电，模拟输入范围为 0 ~ 5V。

（4）具有锁存控制的 8 路模拟开关。

（5）可锁存三态输出，输出与 TTL 兼容。

（6）功耗为 15mW。

（7）不必进行零点和满度调整。

（8）转换速度取决于芯片的时钟频率。时钟频率范围为 10 ~ 1280kHz，当 CLK = 500kHz 时，转换速度为 128μs。

ADC0808/0809 芯片引脚如图 6-2 所示。

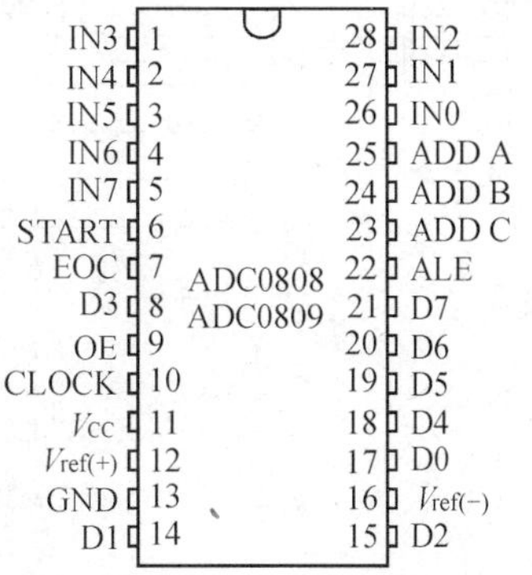

图 6-2　ADC0808/0809 芯片引脚

各引脚功能如下：

（1）IN0 ~ IN7：8 路模拟量输入端。

（2）D0 ~ D7：8 位数字量输出端口。

（3）START、ALE：START 为启动控制输入端，ALE 为地址锁存控制信号端。这两个输入端可连接在一起，当在该端输入一个正脉冲时，便启动模/数转换。

（4）EOC、OE：EOC 为转换结束信号输出端，表示模/数转换结束。OE 为输出允许控制端，由外部控制 OE 端的电平由低变高，打开三态输出锁存器，将转换结果的数字量输出到数据总线上。

（5）$V_{ref(+)}$、$V_{ref(-)}$、V_{CC}、GND：$V_{ref(+)}$ 和 $V_{ref(-)}$ 为参考电压输入端，V_{CC} 为主电源输入端，GND 为接地端。一般 $V_{ref(+)}$ 与 V_{CC} 连接在一起，$V_{ref(-)}$ 与 GND 连接在一起。

（6）CLK：时钟输入端。

（7）ADD A、ADD B、ADD C：8 路模拟开关的 3 位地址选通输入端，以选择对应的输入通道。其对应关系如表 6-1 所示。

表 6-1　地址码与输入通道对应关系

地　址　码			对应的输入通道
ADD C	ADD B	ADD A	
0	0	0	IN0
0	0	1	IN1
0	1	0	IN2
0	1	1	IN3
1	0	0	IN4
1	0	1	IN5
1	1	0	IN6
1	1	1	IN7

三、实验内容

1. 按图 6-3 连接,并在单片机的 P1 口接 8 个发光二极管(参见图 3-1)。在中断方式下,A/D 转换结束信号 EOC 反相后与单片机的$\overline{INT0}$相连。

2. 编写程序,完成启动 A/D 转换并用 8 个发光二极管显示 A/D 转换结果。

3. 用万用表测量输入的模拟电压值,计算实际输出与理论输出的误差。

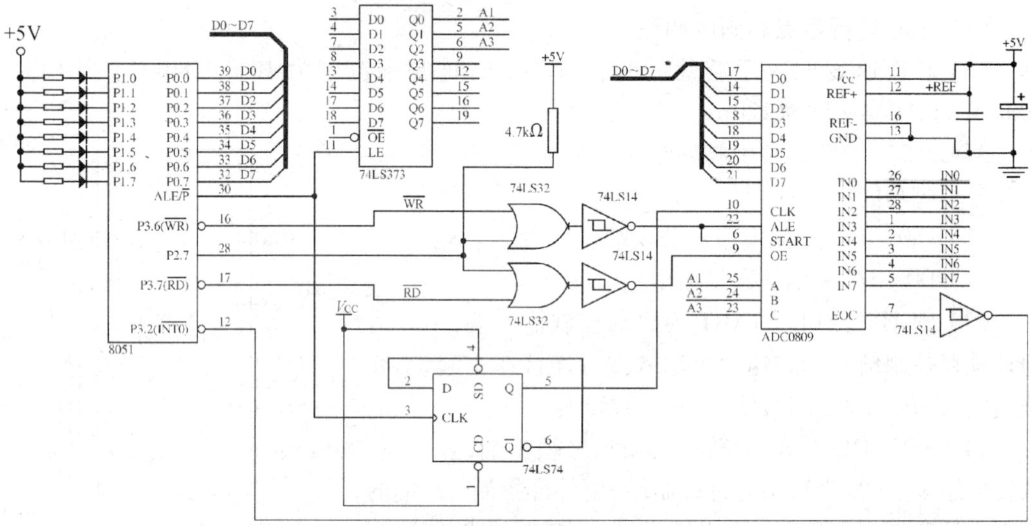

图 6-3　ADC0809 与单片机接口电路图

软件流程图如图 6-4 所示。

以下根据图 6-4 给出相应的部分参考程序。

```
A _ DPORT   EQU   07FFFH          ;定义 0809 口地址
            SETB  IT0             ;中断初始设置
            SETB  EA
            SETB  EX0
A _ D:      MOV   A,#00H          ;选择一通道
            MOV   DPTR,#A _ DPORT
            ORL   DPL,A
            MOVX  @DPTR,A         ;启动 A _ D 转换
LOOP:       SJMP  LOOP            ;等待中断
            …
            MOVX  A,@DPTR         ;读 A _ D 数据
            MOV   B,A             ;B 临时存放 A _ D 数据
            RETI                  ;中断返回
```

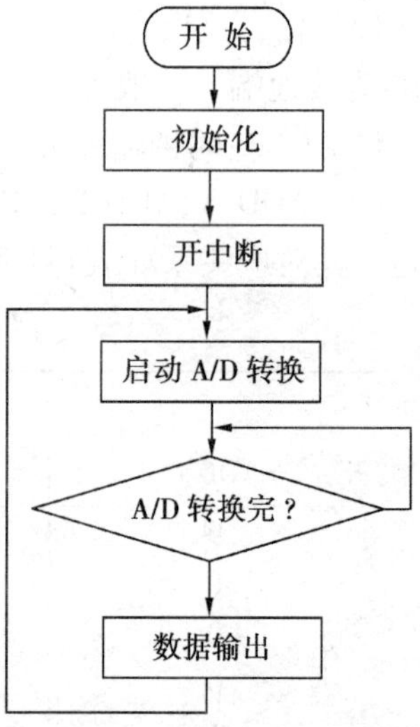

图 6-4　A/D 转换程序流程图

四、实验仪器与器件

1. 硬件设备：可插接标准双列直插插座的实验电路板(1 块)、51 系列单片机仿真系统(1 台)、直流稳压电源(+5V)(1 台)、万用表(1 台)。

2. 主要实验器件：ADC0809 芯片及其他辅助芯片、电位器（1 只）、发光二极管（8 个）及限流电阻、导线（若干）。

五、实验报告要求

1. 记录硬件连接、软件调试及修改过程。

2. 通过计算得到各模拟量所对应的数字量，与实验结果比较，如有误差，分析原因。

3. 描述 ADC0809 的 START、ALE、EOC 及 OE 等引脚在转换过程中的工作时序。

六、实验预习要求

1. 熟悉 ADC0809 的工作原理，理解各引脚的功能。

2. 熟悉单片机控制转换过程及从 ADC0809 取得转换结果的过程。

3. 根据硬件连接图预先编程，设定模拟量由 IN0 口输入。同时掌握从 ADC0809 其他模拟量输入端输入的编程方式。

【提高篇】

1. 修改电路及程序，实现单片机使用查询方式与 ADC0809 的接口。

2. 写出图 6-3 中 ADC0809 占用单片机系统地址空间范围。

3. 当单片机系统不使用扩展方式，而采用最小系统的方式与 ADC0809 接口时，画出硬件接口图。

4. 与本实验指导书中键盘显示部分内容结合，设计一个有键盘、显示的简易数据采集系统。

实验 6.2　双积分型 A/D 转换接口

【基础篇】

一、实验目的

1. 掌握双积分型 A/D 转换基本原理。

2. 掌握 MC14433 与单片机的硬件接口方式及编程实现 A/D 转换的方法。

二、实验原理

双积分型 A/D 转换器是基于间接测量的原理，将待测电压 V_x 转换成时间常数，其工作原理如图 6-5 所示。A/D 转换时，电子开关将待测电压 V_x 加到积分器的输入端，在固定时间内对 V_x 积分，接着电子开关将积分器的输入端接到极性相反的基准电压进行反向积分，此时，积分器的输出斜率是恒定的，由比较器检测积分器输出过零时停止积分器工作，求出

反向积分时间 T_1 就能得出 V_x。其双积分 A/D 变换的电路结构如图 6-6 所示。双积分型 A/D 转换器由于积分时间比较长，因此转换速率较低。对周期变化的干扰信号积分为 0，因此抗干扰性能较好。典型的双积分型 A/D 转换器有 MC14433（3 位半，相当于 11 位二进制数）、ICL7135（4 位半，相当于 14 位二进制数）。

MC14433 是美国的 Motorola 公司生产的 3 位半 A/D 转换器，是目前市场上广为流行的典型的双积分 A/D 转换器。MC14433 具有抗干扰性能好，转换精度高（相当于 11 位二进制数），自动校零，自动极性输出，自动量程控制信号输出，动态字位扫描 BCD 码输出，单基准电压，外接元件少，价格低廉等特点。但其转换速度慢，约 1 ~ 10 次/秒。在无需高速转换的场合，如温度采集系统中，被广泛采用。

MC14433 主要技术指标如下：

（1）3 位半分辨率。

（2）电源为 ±5V。

（3）基准电压为 2V 或 200mV。

（4）输入模拟量范围为 0 ~ 1.999V 或 0 ~ 199.9mV。

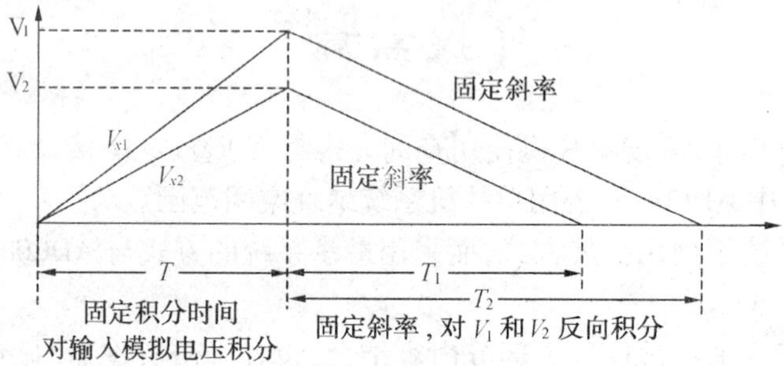

图 6-5　双积分 A/D 工作原理

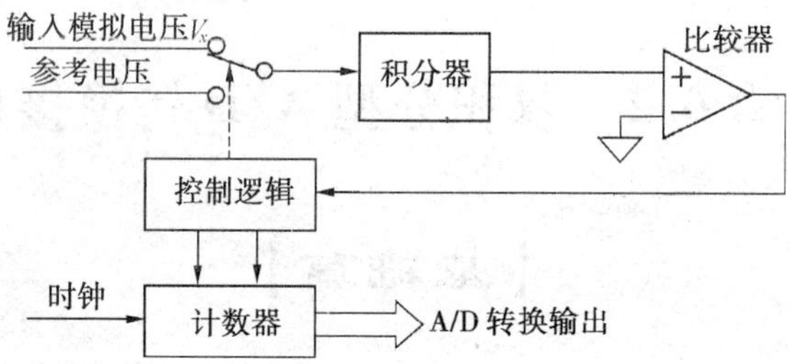

图 6-6　实现双积分 A/D 转换的电路结构

MC14433 芯片引脚如图 6-7 所示。各引脚功能如下：

（1）V_{AG}：被测电压 V_x 和基准电压 V_r 的接地端（模拟地）。

（2）V_{ref}：外接输入基准电压（+2V 或 +200mV）。

（3）V_x：被测电压输入端。

（4）R_1、R_1/C_1、C_1：外接积分电阻 R_1 和积分电容 C_1 元件端，外接元件典型值：当量程为 2V 时，$C_1 = 0.1\mu F$，$R_1 = 470k\Omega$；当量程为 200mV 时，$C_1 = 0.1\mu F$，$R_1 = 27k\Omega$。

（5）C_{01}、C_{02}：外接失调补偿电容 C_0 端，C_0 的典型值为 $0.1\mu F$。

（6）DU：更新输出 A/D 转换结果的输入端。当 DU 与 EOC（引脚 14）连接时，每次A/D 转换结果都输出更新。

(7) CLK1、CLK0：时钟振荡器外接电阻 R_C 端。R_C 的典型值为 470kΩ，时钟频率随着 R_C 增加而下降。

(8) V_{EE}：模拟部分的负电源端，接 -5V。

(9) V_{SS}：除 CLK0 端外所有输出端的低电平基准（数字地）。当 V_{SS} 接 V_{AG}（模拟地、数字地相连）时，输出电压幅度为 $V_{AG} \sim V_{DD}$（0 ~ +5V）；当 V_{SS} 接 V_{EE}（-5V）时，输出电压幅度为 $V_{EE} \sim V_{DD}$（-5V ~ +5V），幅值为 10V。实际应用时一般是 V_{SS} 接 V_{AG}，即模拟地和数字地相连。

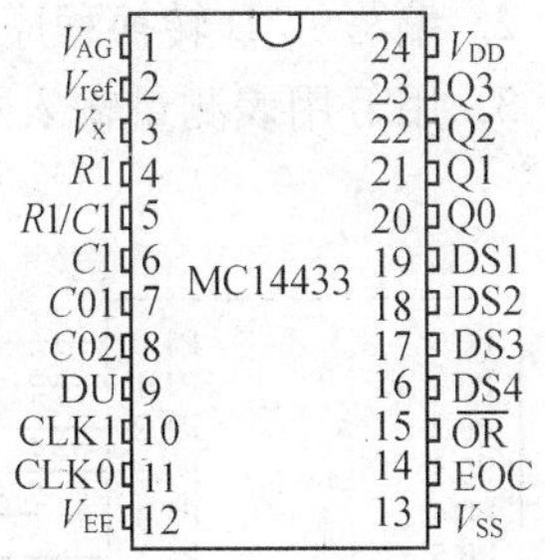

图 6-7　MC14433 芯片引脚图

(10) EOC：转换周期结束标志输出。每当一个 A/D 转换周期结束，EOC 端输出一个宽度为时钟周期二分之一宽度的正脉冲。

(11) $\overline{OR}$：过量程标志输出，平时为高电平。当 $|V_x| < V_{ref}$（被测电平输入绝对值大于基准电压）时，$\overline{OR}$端输出低电平。

(12) DS1 ~ DS4：多路选通脉冲输出端。DS1 对应千位，DS4 对应个位。每个选通脉冲宽度为 18 个时钟周期，两个相邻脉冲之间间隔 2 个时钟周期。

(13) Q0 ~ Q3：BCD 码数据输出线。其中 Q0 为最低位，Q3 为最高位。当 DS2、DS3 和 DS4 选通期间，输出 3 位完整的 BCD 码，即 0 ~ 9 十个数字任一个都可。但在 DS1 选通期间，数据输出线 Q0 ~ Q3 除了表示千位的 0 或 1 外，还表示了转换值的正负极性以及是欠量程还是过量程，其含义见表 6-1。

表 6-1　DS1 选通时 Q0 ~ Q3 表示的输出结果

DS1	Q3	Q2	Q1	Q0	输出结果状态
1	1	×	×	0	千位数为 0
1	0	×	×	0	千位数为 1
1	×	1	×	0	输出结果为正数
1	×	0	×	0	输出结果为负数
1	0	×	×	1	输入信号过量程
1	1	×	×	1	输入信号欠量程

由表 6-1 可知：

① Q3 表示千位（1/2 位）数的内容，Q3 = "0"（低电平）时，千位数为 1；Q3 = "1"（高电平）时，千位数为 0。

② Q2 表示被测电压的极性，Q2 = "1"表示正极性，Q2 = "0"表示负极性。

③ Q0 = "1"表示被测电压在量程外（超量程），可用于仪表量程自动切换。当 Q3 = "0"时，表示过量程；当 Q3 = "1"时，表示欠量程。过量程（$|V_X| > V_{ref}$）时，A/D 转换输出读数为 1999，欠量程时输出读数小于等于 179。

(14) V_{DD}（引脚 24）：正电源端，接 +5V。

三、实验内容

1. MC14433 与单片机的接口如图 6-8 所示，按图连接。

2. 编写 A/D 转换程序。

3. 用万用表测量输入的模拟电压值,计算实际输出与理论输出之间的误差。

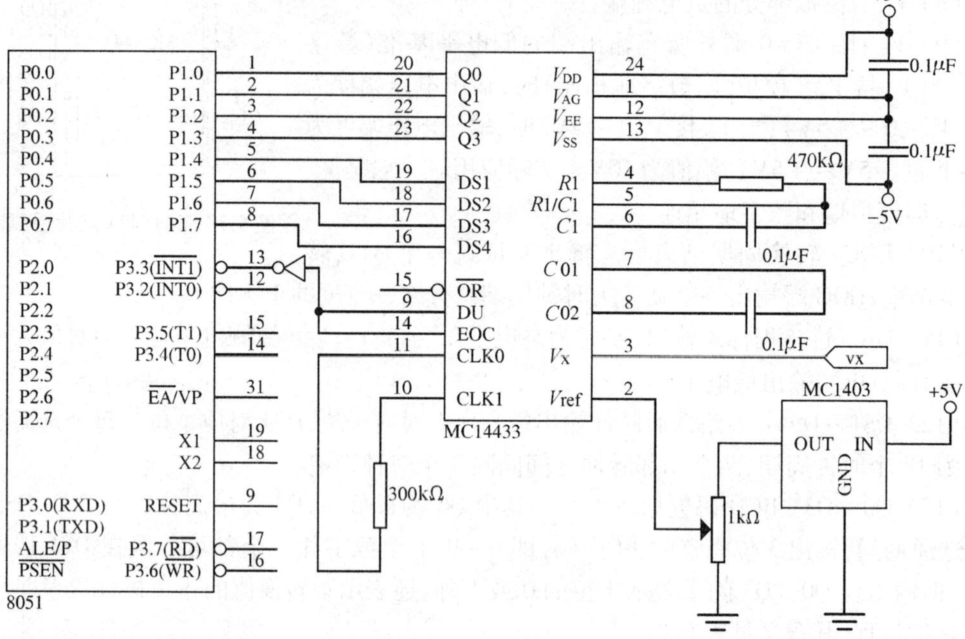

图 6-8　MC14433 与单片机的接口

图 6-8 中,基准电压由 MC1403 提供,量程为 2V,输出自动更新方式,MC14433 将连续工作。Q0 ~ Q3 及 DS1 ~ DS4 接到 P1 口,在 A/D 转换结束引起单片机中断后,单片机从 P1 口依据 DS1 ~ DS4 来读取不同位的数据。注意,此数据为 BCD 码,计算时需作转换。

以下根据图 6-8 给出相应的部分参考程序,由于 MC14433 整个数据输出周期较长,在中断服务程序中读取数据不太合适,参考程序中 PREAD 为中断产生后读取数据模块。程序中使用了位地址概念,请参阅单片机教材。最后 BCD 码数据的正负号存放在位地址 07H 中,千位存放在位地址 04H(20H 中第 4 位)中,百位数据存放在 20H 的低 4 位中,十位数据存放在 21H 高 4 位中,个位数据存放在 21H 低 4 位中,出错将在位地址 10H 置 1。

```
INIT:       SETB    IT1                 ;外部中断 1 定义
            SETB    EX1
            ……
PREAD:      MOV     A,P1
            JNB     ACC.4,PREAD         ;等待 DS1
            JB      ACC.0,PERR          ;量程出错
            JB      ACC.2,PREAD1        ;测量数据为正
            SETB    07H                 ;测量数据为负
            AJMP    PREAD2
PREAD1:     CLR     07H
PREAD2:     JB      ACC.3,PREAD3
            SETB    04H                 ;千位为 1
            AJMP    PREAD4
```

```
PREAD3:   CLR    04H              ;千位为0
PREAD4:   MOV    A,P1
          JNB    ACC.5,PREAD4     ;等待 DS2
          MOV    R0,#20H
          XCHD   A,@R0            ;百位数据至20H单元(低4位)
PREAD5:   MOV    A,P1
          JNB    ACC.6,PREAD5     ;等待 DS3
          SWAP   A                ;十位数交换至高4位
          INC    R0
          MOV    @R0,A            ;十位数据至21H高4位
PREAD6:   MOV    A,P1
          JNB    ACC.7,PREAD6     ;等待 DS4
          XCHD   A,@R0            ;个位数据至21H低4位
          AJMP   END1
PERR:     SETB   10H
END1:     RET
```

四、实验仪器与器件

1. 硬件设备：可插接标准双列直插插座的实验电路板(1块)、51系列单片机仿真系统(1台)、直流稳压电源(±5V)(1台)、万用表(1台)。

2. 主要实验器件：MC14433、MC1403 芯片及其他辅助芯片，电位器(1只)，导线(若干)。

五、实验报告要求

1. 记录硬件连接、软件调试及修改过程。

2. 通过计算得到各模拟量所对应的数字量，与实验结果比较，如有误差，分析原因。

六、实验预习要求

1. 熟悉 MC14433 的工作原理，理解各引脚的功能。

2. 理解图6-8中各I/O口连接原理，熟悉单片机控制转换过程及从MC14433取得转换结果的过程。

3. 根据硬件连接图预先编程，预先设定模拟量输入。

【提高篇】

1. 设计单片机使用查询方式与 MC14433 接口的电路图，并编写程序。

2. 利用 MC14433 输出直接驱动 LED 数码管，画出硬件连接图。

实验 6.3　D/A 转换接口

【基础篇】

一、实验目的

1. 掌握 D/A 转换基本原理。
2. 掌握 DAC0832 与单片机的硬件接口技术及编程实现 D/A 转换的方法。

二、实验原理

DAC0830/0831/0832 是 8 位分辨率的 D/A 转换集成电路，是最早和微处理器兼容的、双缓冲的 D/A 转换器，它由 8 位输入寄存器、8 位 DAC 寄存器、8 位 D/A 转换电路及转换控制电路构成。

DAC0830 系列芯片的主要技术指标如下：

(1) 8 位分辨率。

(2) 电流稳定时间为 1μs。

(3) 可以单缓冲、双缓冲或直接数字输入。

(4) 只需要在满量程下调整其线性度。

(5) 单一电源供电(+5～+15V)。

(6) 低功耗(200mW)。

DAC0830 芯片的引脚名称及逻辑结构如图 6-9 所示。

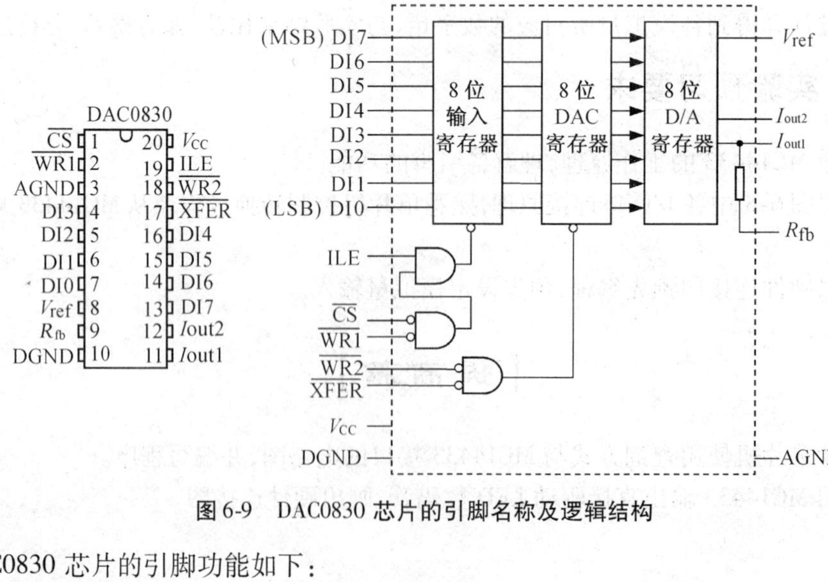

图 6-9　DAC0830 芯片的引脚名称及逻辑结构

DAC0830 芯片的引脚功能如下：

(1) DI0～DI7：数据输入线。

(2) ILE：数据允许锁存信号，高电平有效。

(3) $\overline{CS}$：输入寄存器选择信号，低电平有效。

(4) $\overline{WR1}$：输入寄存器的写选通信号，低电平有效。

(5) $\overline{XFER}$：数据传送信号，低电平有效。

(6) $\overline{WR2}$：DAC 寄存器写选通信号。

(7) V_{ref}：基准电源输入引脚。

(8) R_{fb}：反馈信号输入引脚，反馈电阻在芯片内部。

(9) I_{out1}，I_{out2}：电流输出引脚。电流 I_{out1}，I_{out2}之和为常数。

(10) V_{CC}：电源输入引脚。

(11) AGND：模拟信号地。

(12) DGND：数字信号地。

为了便于 DAC0830 系列芯片的使用，现将其应用特性总结如下：

DAC0830 是微处理器兼容型 D/A 转换器，这意味着可以充分利用微处理器的控制能力实现对 D/A 转换的控制。这类芯片往往有许多控制引脚，可以和微处理器的控制线相连接，接受相应的控制信号。由图 6-9 可见，DAC0830 使用 ILE、$\overline{CS}$和$\overline{WR1}$控制输入寄存器的数据写入；使用$\overline{WR2}$和$\overline{XFER}$控制锁存寄存器的数据到 DAC 寄存器的传送。一旦数据送入 DAC 寄存器，将立刻开始 D/A 变换，相应的模拟输出将在转换结束后出现在输出端。

DAC0830 有两级锁存控制功能，便于实现多通道 D/A 的同步转换输出。这时，应将所有 DAC 数据传送控制端连接在一起。转换时可以先将各个通道的转换数据写入输入锁存寄存器，再发出数据传送控制信号同时启动各通道的 D/A 转换。

DAC0830 系列 DAC 内部无参考电压源，必须外接参考电压源。

DAC0830 为电流输出型 D/A 转换器，要获得电压输出时，需要外加转换电路。图 6-10 为两级运算放大器组成的电流-电压转换电路。该电路从 A 点输出单极性模拟电压，从 B 点输出双极性模拟电压。如果参考电压为 +5V，则 A 点的输出电压为 0 ~ +5V，B 点的输出电压为 -5 ~ +5V。

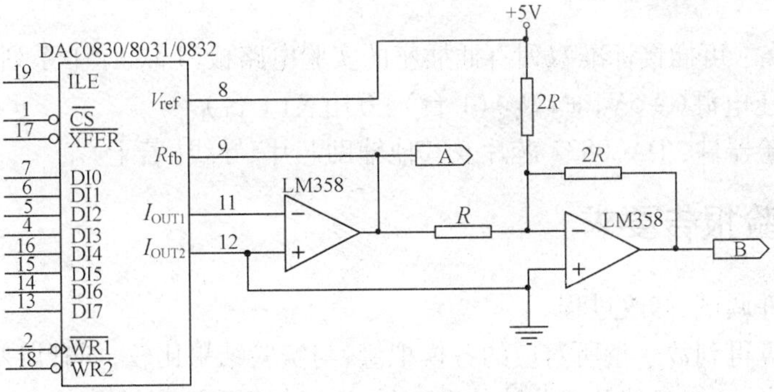

图 6-10　两级运算放大器组成的电流-电压转换电路

三、实验内容

1. DAC0832 与单片机接口如图 6-11 所示，按图连接导线。
2. 编写能够输出周期可调的正向锯齿波的程序。

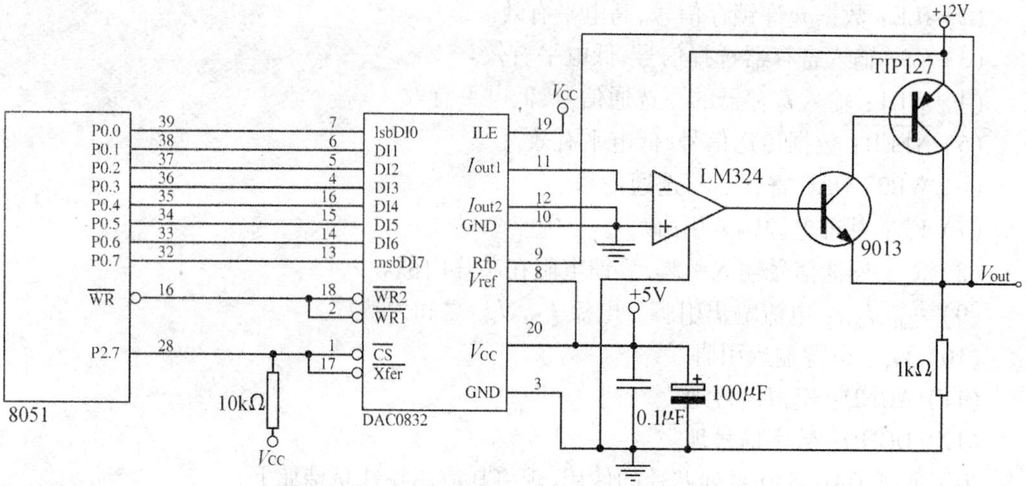

图 6-11　DAC0832 与单片机接口

在图 6-11 中,单片机系统为扩展应用模式。单片机通过对 DAC0832 的写操作将数据写入 D/A 的 8 位输入寄存器,图中的连接方式已将 DAC 寄存器同步打开,所以向 DAC 输入数据时,将同时启动 D/A 转换。DAC0832 的输出是电流型的,图中已将电流输出变换成单极性的电压输出。

实现 D/A 转换的部分参考程序如下:

```
D_APORT EQU     07FFFH              ;定义 0832 口地址
……
MOV     A,#data                     ;首先在 A 中置入需要送入 D/A 的数据
MOV     DPTR,#D_APORT
MOVX    @DPTR,A                     ;启动 D/A 转换
……
```

四、实验仪器与器件

1. 硬件设备:可插接标准双列直插插座的实验电路板(1 块)、51 系列单片机仿真系统(1 台)、直流稳压电源(+5V, ±12V)(1 台)、万用表(1 台)。

2. 主要实验器件:DAC0832 芯片及其他辅助芯片、导线(若干)。

五、实验报告要求

1. 记录软件调试、修改过程。

2. 通过计算得到数字量所对应的各模拟量,与实验结果比较,如有误差,分析原因。

3. 描述锯齿波、三角波及正弦波的数字量表的设计原理,给出表格。

4. 根据 DAC0832 各引脚功能及单片机写时序,分析单片机对 DAC0832 写入数据的过程。

六、实验预习要求

1. 熟悉 DAC0832 的工作原理,理解各引脚的功能。
2. 理解图 6-11 各 I/O 口连接原理,熟悉单片机控制转换过程。
3. 根据硬件编程,设计几个典型的数字量,计算对应的模拟量值。

【提高篇】

1. 在图 6-11 所示的硬件连接中,当使用单片机最小系统时,请重新设计程序。

2. 设计双缓冲器同步方式的接口,即单片机控制 2 块 DAC0832,要求输入不同的数据同时输出。分析其工作过程。

3. 编写使 DAC0832 输出方波、三角波及正弦波的程序。

第七章 定时器/计数器应用

实验7.1 电脑时钟

【基础篇】

一、实验目的

1. 掌握单片机定时器/计数器的工作原理,根据晶振频率设计出定时准确的中断服务程序。

2. 利用单片机的定时器/计数器,设计电脑时钟。

二、实验原理

51系列单片机的定时器/计数器设定为定时器方式时,能将振荡器的12分频信号作为计数信号进行计数,并在溢出时产生内部中断。利用这个功能,根据晶振的振荡频率使用单片机的定时器中断,就能得到准确的秒信号。在秒信号的基础上编制程序,可以得到分、时信号,实现基本的电脑时钟。

在硬件上,由于单片机得到秒、分、时的信号时,并不需要占用单片机系统的外部资源,所以秒、分、时的显示,可以利用本书前面所介绍的显示硬件接口,图7-1就是利用了实验4.1中的LED数码管显示接口部分电路,也可以利用其他的显示方式显示。

三、实验内容

1. 单片机电脑时钟显示硬件参考接口方式如图7-1所示。

2. 调试中断程序,准确得到秒、分、时数据。

3. 调试输出显示程序,将秒、分显示在数码管上。

以下给出部分参考程序,假设系统晶振为12MHz,这样,每次中断间隔为200μs,中断服务程序产生10ms的标志位,1s的时间基准由该标志位得到。

```
COUNTER    EQU 30H        ;对200μs(T0中断)计数值
B10MS      BIT 0H         ;10ms标志位
……
MOV        COUNTER,#0     ;初始化
CLR        B10MS
MOV        TMOD,#02H      ;定时器0方式2
MOV        TH0,#56        ;置初值,每次中断间隔200μs
```

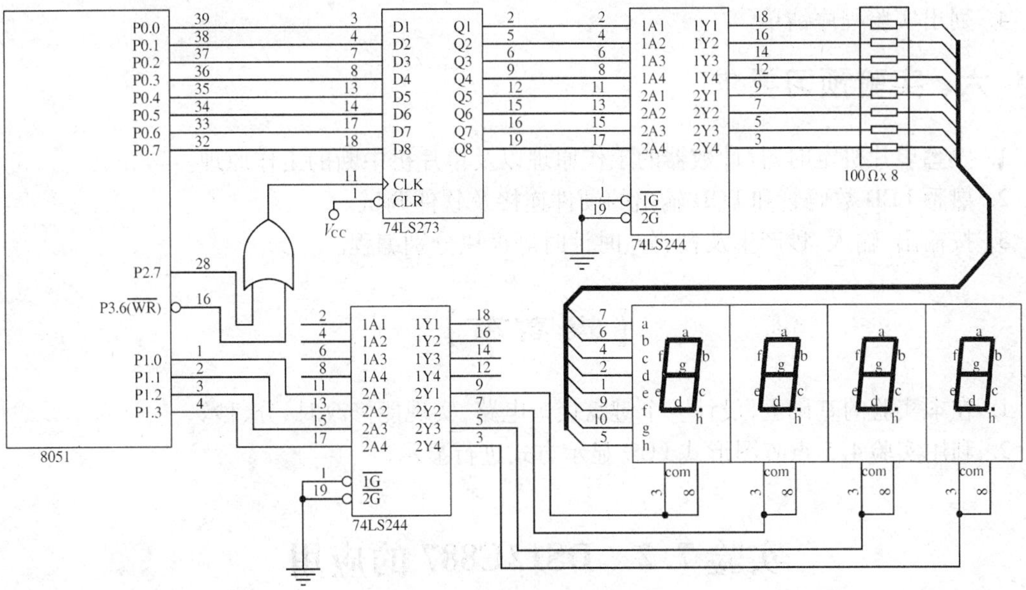

图 7-1　电脑时钟显示接口

```
        MOV     TL0,#56
        SETB    EA
        SETB    ET0
        SETB    TR0                 ;启动 T0
        ……
;T0 中断服务程序:
IT0:    PUSH    ACC
        INC     COUNTER             ;加 1
        MOV     A,COUNTER
        CJNE    A,#50,IT0END
        SETB    B10MS               ;置位 10mS 标志
        MOV     COUNTER,#0
IT0END: POP     ACC
        RETI
```

四、实验仪器与器件

1. 硬件设备：可插接标准双列直插插座的实验电路板(1 块)、51 系列单片机仿真系统(1 台)、直流稳压电源(+5V, ±12V)(1 台)、万用表(1 台)。

2. 主要实验器件：LED 共阴数码管或 LCD 显示器件、导线(若干)。

五、实验报告要求

1. 描述定时器/计数器的工作方式、各软件模块与设计流程。
2. 具体计算出定时器中断一次的时间，并精确计算秒基准信号。
3. 记录硬件连接及软件调试修改过程。

4. 列出实验程序清单。

六、实验预习要求

1. 熟悉单片机定时器/计数器的工作原理以及单片机中断的工作原理。
2. 熟悉 LED 数码管和 LCD 输出的硬件连接及软件调试。
3. 按输出、输入、秒产生及秒、分、时计时等模块分别编程。

【提高篇】

1. 在本实验的基础上,设计一个键盘接口电路,实现能修改时、分、秒。
2. 利用实验 4.5 点阵图形式 LCD 显示方式进行显示。

实验 7.2　DS12C887 的应用

【基础篇】

一、实验目的

1. 了解 DS12C887 的基本原理及工作方式。
2. 熟悉 DS12C887 各引脚功能及使用方式,掌握与单片微机的接口。
3. 利用单片机对 DS12C887 进行实时时间的读取及修改。

二、实验原理

实时时钟芯片常简称为 RTC(Real Time Clock),其基本特征是芯片本身具备时、分、秒和年、月、日等时钟日历功能,并记录当前信息,有些芯片内部具有备用电池及晶振。其所需工作电流极微,在外部电源停电情况下,依靠电池仍能进行较长时间的计时。

DS12C887 是美国 DALLAS 公司推出的 RTC,是 DS1287、DS12887 的增强型品种,采用 CMOS 技术制成,具有内部晶振和时钟芯片备份锂电池,与常用的时钟芯片 MC146818B 和 DS1287、DS12887 管脚兼容,可直接替换。具有功耗低,外围接口简单,精度高,工作稳定可靠等优点,可广泛用于各种需要较高精度的实时时钟系统中。

1. 主要技术指标。

(1) 具有完备的时钟、闹钟及到 2100 年的日历功能,可选择 12 小时制或 24 小时制计时,有上午(AM)和下午(PM)、星期、夏令时操作、闰年自动补偿等功能。精度可达到每月误差 1 分钟。

(2) 具有可编程选择的周期中断方式和方波发生器功能。

(3) DS12C887 内部有 15 个时钟控制寄存器,其中 11 个为时钟日历寄存器,4 个为控制和状态寄存器,且有 113 个字节的低功耗用户 RAM,可用做掉电保护的数据存放区。

（4）时钟日历可选择二进制或 BCD 码表示。

（5）工作电压：+4.5 ~ +5.5V。

（6）工作电流：7 ~ 15mA。

（7）工作温度范围：0 ~ 70℃。

2. 引脚介绍。

DS12C887 共有 24 个引脚，如图 7-2 所示，下面按信号类型分别介绍：

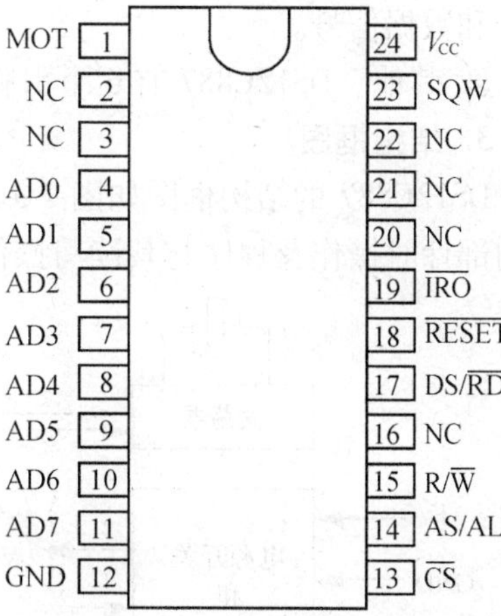

图 7-2　DS12C887 的引脚图

（1）电源。

GND、V_{CC}分别是接地和电源的两个引脚。当 V_{CC} 为 +5V 时，能对芯片进行读写等所有操作；当 V_{CC}小于 +4.25V 时，对芯片的读写操作被禁止，但内部时钟日历继续工作，不受影响。当 V_{CC}降到 +3V 以下时，时钟和 RAM 部分的电源由内部的锂电池供给，时钟日历仍继续工作。

（2）输入信号。

① MOT（Mode Select）模式选择端。用于选择读写操作的总线模式，当 MOT 接 V_{CC}时，选择 Motorola 总线模式，当 MOT 接 GND 或悬空时，选择 Intel 总线模式。这个引脚内部有一个阻值约 20kΩ 的下拉电阻，与 MCS-51 单片机相连时，应采用 Intel总线模式。

② AS/ALE（Address Strobe Input/Address Latch Enable）地址选通/锁存使能端。Motorola 总线模式时，该引脚为地址选通输入 AS 端；Intel 总线模式时，该引脚为地址锁存使能 ALE 端。

③ DS/$\overline{RD}$（Data Strobe/Read Input）数据选通/读输入。Motorola 总线模式时，该引脚为数据选通 DS 端；Intel 总线模式时，该引脚为读输入$\overline{RD}$端，$\overline{RD}$也可看做像通常 RAM 操作的输出允许$\overline{OE}$（Output Enable）端。

④ R/$\overline{W}$（Read/Write Input）读/写输入。Motorola 总线模式时，R/$\overline{W}$ 用来表示当前周期是读周期还是写周期，在 DS 和 R/$\overline{W}$ 同时为高电平时，表示读周期；在 DS 为高电平，而 R/$\overline{W}$ 为低电平时，表示写周期。Intel 总线模式时，R/$\overline{W}$ 作为像通常 RAM 操作的写允许 $\overline{WR}$（Write Enable）信号。

⑤ $\overline{CS}$（Chip Select Input）芯片选择输入。$\overline{CS}$必须在低电平时，DS12C887 才能被访问。当 V_{CC}低于 4.25V 时，DS12C887 会自动取消$\overline{CS}$的作用，从而禁止外部对 DS12C887 的访问。

⑥ $\overline{RESET}$（Reset Input）复位输入。当$\overline{RESET}$端出现低电平和 V_{CC} 小于 4.25V 时，DS12C887 进入复位操作，初始化内部有关标记位。但复位操作不会改变时钟、日历和内部用户 RAM 的数据。

（3）输出信号。

① SQW（Square Wave Output）方波输出。通过程序设置，可使该引脚输出多种频率的方波信号。

② $\overline{IRQ}$（Interrupt Request Output）中断请求输出。当 DS12C887 满足一定条件时，可通

过$\overline{IRQ}$向计算机发出中断请求信号。$\overline{IRQ}$为漏极开路输出，低电平有效，没有中断时，处于高阻状态，可与其他中断请求信号进行"线与"，使用时，需要加接上拉电阻。通过复位操作和读 DS12C887 中的寄存器 C，可清除中断请求信号。

③ 双向地址数据总线。AD0～AD7 为多路双向地址/数据总线（Multiplexed Bidirectional Address/Data Bus）。其工作时序与总线模式有关。通过 AD0～AD7 可向 DS12C887 传输地址和数据信号。

④ 其他。DS12C887 有 6 个引脚为空脚，与外部没有连接，记为 NC。

3. 结构框图。

DS12C887 的结构框图如图 7-3 所示。其中时钟日历和报警单元采用双缓冲结构，以保证内部计时操作及程序与其读写操作互不干扰。

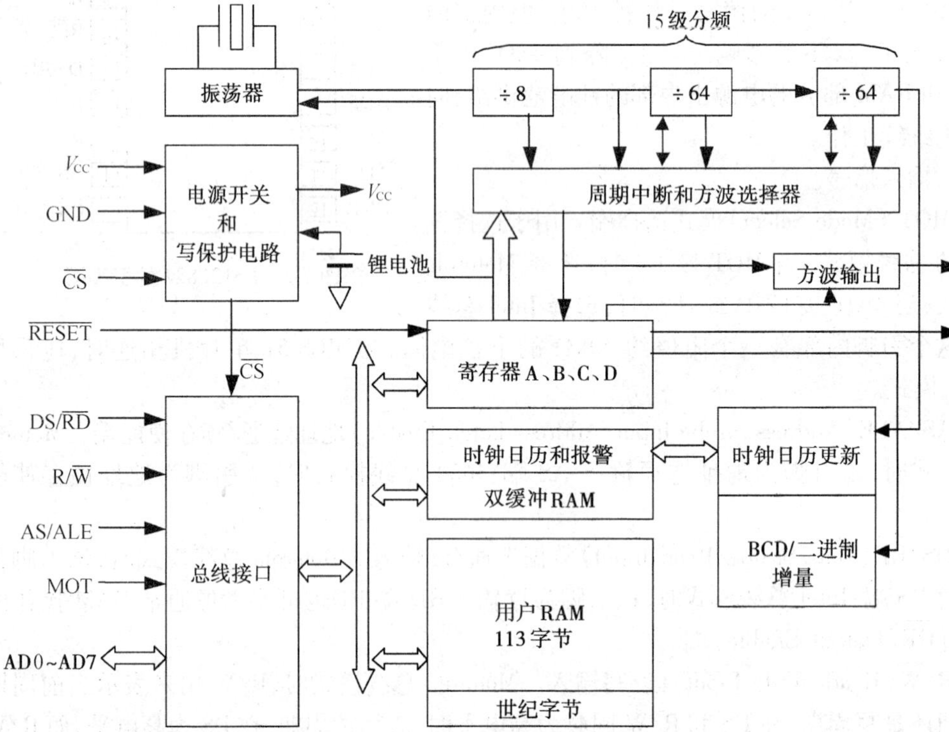

图 7-3　DS12C887 的结构框图

4. RAM 地址分配。

DS12C887 共有 128 字节地址空间，其中 113 个字节为可自由分配的用户 RAM，11 个字节用于存放 RTC 的时间、日历和报警数据，还有 4 个字节为 4 个寄存器 A、B、C、D，用于存放控制信息和寄存状态信息。DS12C887 的 RAM 地址分配如图 7-4 所示。

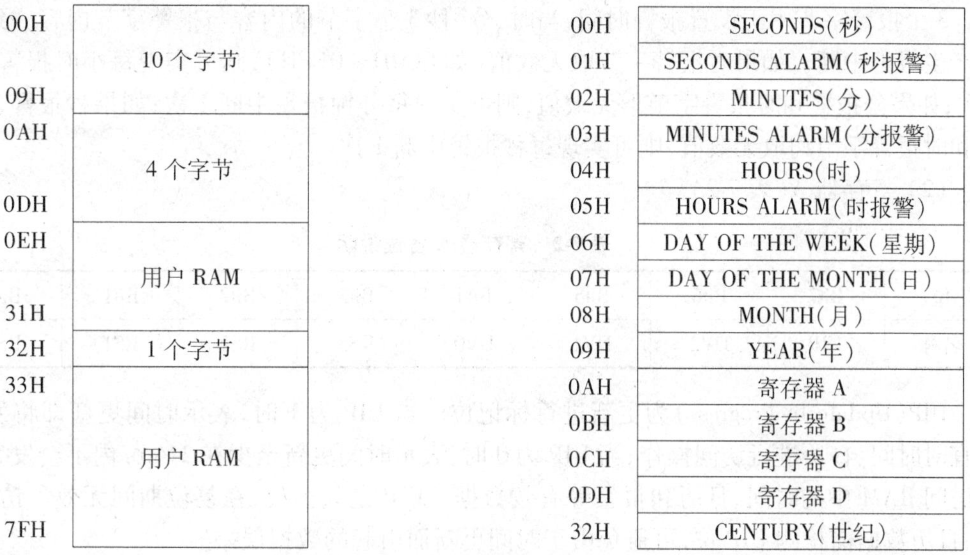

图 7-4　DS12C887 的 RAM 地址分配

另外,寄存器 C、寄存器 D 和寄存器 A 的 Bit7 只能读出,不能由程序写入。

5. 有关数据单元和寄存器说明。

(1) 时间、日历和报警数据单元(表 7-1)。

表 7-1　时间、日历和报警数据单元说明

地址	功　能	正常范围	二进制格式表示	BCD 格式表示
00H	SECONDS(秒)	0 ~ 59	00H ~ 3BH	00H ~ 59H
01H	SECONDS ALARM(秒报警)	0 ~ 59	00H ~ 3BH	00H ~ 59H
02H	MINUTES(分)	0 ~ 59	00H ~ 3BH	00H ~ 59H
03H	MINUTES ALARM(分报警)	0 ~ 59	00H ~ 3BH	00H ~ 59H
04H	HOURS(时)	1 ~ 12 0 ~ 23	AM:01 ~ 0CH/PM:81 ~ 8CH 00H ~ 17H	AM:01 ~ 12H/PM:81 ~ 92H 00H ~ 23H
05H	HOURS ALARM(时报警)	1 ~ 12 0 ~ 23	AM:01 ~ 0CH/PM:81 ~ 8CH 00H ~ 17H	AM:01 ~ 12H/PM:81 ~ 92H 00H ~ 23H
06H	DAY OF THE WEEK(星期)	1 ~ 7	01H ~ 07H	01H ~ 07H
07H	DAY OF THE MONTH(日)	1 ~ 31	01H ~ 1FH	01H ~ 31H
08H	MONTH(月)	1 ~ 12	01 ~ 0CH	01H ~ 12H
09H	YEAR(年)	0 ~ 99	00 ~ 63H	00H ~ 99H
32H	CENTURY(世纪)	0 ~ 99	无效	19H ~ 20H

这里共有 11 个字节,通过不同的地址来访问。这些时钟日历数据可采用二进制格式,也可采用 BCD 格式,这由寄存器 B 中的 DM 位来确定,除 CENTURY(世纪)单元总以 BCD 格式表示外,所有这些单元的格式在同一时刻都应一致。

在 12 小时格式下,小时的高位用于表示 AM/PM,0 表示 AM,1 表示 PM。

3个报警字节用于设置报警时间，当时、分、秒3个字节的内容与报警字节内容一致时，可产生报警中断。如果时报警字节取无效值(如0C0H～0FFH)，则可实现每小时报警中断1次；如果分报警和时报警字节取无效值，则可实现每分钟报警中断1次；如果秒报警、分报警和时报警字节均取无效值，则可实现每秒报警中断1次。

(2) 寄存器A(表7-2)。

表7-2　寄存器A各位说明

位	Bit7	Bit6	Bit5	Bit4	Bit3	Bit2	Bit1	Bit0
名称	UIP	DV2	DV1	DV0	RS3	RS2	RS1	RS0

UIP(Update In Progress)为更新进行标记位。当UIP为1时，表示时间更新即将发生，不宜对时间、日历进行访问操作；当UIP为0时，表示时间更新至少在244μs内不会发生，可以访问RAM中的时间、日历和报警等有效数据。UIP是只读位，在复位期间无效。访问时间、日历数据前检测UIP位，可避免由于时间更新而引起的数据误差。

DV2、DV1、DV0用于控制振荡器和倒计数链。它们取010值时，会启动振荡器；取11X值时，仍允许振荡器工作，但倒计数链处于复位状态。当010再次写入时，下次更新将会在500ms后发生。DV2、DV1、DV0的其他取值，会关闭振荡器。DS12C887出厂时，内部振荡器处于关闭状态，以节约内部电池能量。

RS3、RS2、RS1、RS0这4位用于设置周期中断和方波输出频率，其定义如表7-3，这4位在复位期间不能读写。

表7-3　周期中断和方波输出频率设置

RS3	RS2	RS1	RS0	周期中断	方波输出频率
0	0	0	0	无	无
0	0	0	1	3.90625ms	256Hz
0	0	1	0	7.8125ms	128Hz
0	0	1	1	122.0703125μs	8192Hz
0	1	0	0	244.140625μs	4096Hz
0	1	0	1	488.28125μs	2048Hz
0	1	1	0	976.5625μs	1024Hz
0	1	1	1	1.953125ms	512Hz
1	0	0	0	3.90625ms	256Hz
1	0	0	1	7.8125ms	128Hz
1	0	1	0	15.625ms	64Hz
1	0	1	1	31.25ms	32Hz
1	1	0	0	62.5ms	16Hz
1	1	0	1	125ms	8Hz
1	1	1	0	250ms	4Hz
1	1	1	1	500ms	2Hz

(3) 寄存器B(表7-4)。

表7-4 寄存器B各位说明

位	Bit7	Bit6	Bit5	Bit4	Bit3	Bit2	Bit1	Bit0
名称	SET	PIE	AIE	UIE	SQWE	DM	24/12	DSE

SET为设置位。SET=1,禁止各级进位,以便程序对时间、日历进行初始化设置。SET=0允许每秒的进位和更新。由于各时间日历单元采用了双缓冲结构,SET=1时不影响内部时间日历的更新。SET位在复位期间无效。

PIE(Periodic Interrupt Enable)为周期中断允许位。PIE=1时,允许寄存器C中的周期中断标记PF位输出到引脚$\overline{IRQ}$。PIE=0时,周期中断标记PF位不对$\overline{IRQ}$起作用。

AIE(Alarm Interrupt Enable)为报警中断允许位。AIE=1时,允许寄存器C中的报警标记AF位输出到引脚$\overline{IRQ}$。AIE=0时,报警标记AF位不对$\overline{IRQ}$起作用。

UIE(Update Ended Interrupt Enable)为更新结束中断标记。UIE=1时,允许寄存器C中的更新结束中断标记UF位输出到引脚$\overline{IRQ}$。UIE=0时,更新结束中断标记UF位不对$\overline{IRQ}$起作用。复位或SET=1可清除UIE位。

SQWE(Square Wave Enable)为方波允许位。SQWE=1,允许SQW引脚输出方波,频率由RS3~RS0设置。SQWE=0,SQW引脚处低电平。复位时,SQWE清零,上电时SQWE置位。

DM(Data Mode)为数据模式位。DM=1表示二进制模式,DM=0表示BCD(Binary Coded Decimal)模式。复位操作不影响DM位。

24/12为小时模式位。0表示12小时模式,1表示24小时模式。复位操作不影响该位。

DSE(Daylight Savings Enable)为夏令时允许位。DSE=1时,4月第一个星期天的1:59:59 AM将进位到3:00:00 AM,表示进入夏令时;10月最后一个星期天的1:59:59 AM将进位到1:00:00 AM,表示退出夏令时。复位操作不影响该位。

(4) 寄存器C(表7-5)。

表7-5 寄存器C各位说明

位	Bit7	Bit6	Bit5	Bit4	Bit3	Bit2	Bit1	Bit0
名称	IRQF	PF	AF	UF	0	0	0	0

IRQF(Interrupt Request Flag)为中断请求标记位。当下列条件发生时IRQF置位:

PF=PIE=1 或 AF=AIE=1 或 UF=UIE=1

即 IRQF=(PF·PIE)+(AF·AIE)+(UF·UIE)

任何时刻IRQF=1时,引脚$\overline{IRQ}$被置为低电平。

PF(Periodic Interrupt Flag)、AF(Alarm Interrupt Flag)和UF(Update Ended Interrupt Flag)分别为周期中断、报警中断和更新结束中断标记位。有相应的中断请求时置位,复位操作和对寄存器C读取操作,会对这些标记清零。

PF与寄存器A中的RS3~RS0设置有关;AF与报警时间设置有关;UF与内部时间更

新周期有关，通常为每秒更新1次。内部时间更新与寄存器B中的SET位无关。

BIT3 ~ BIT0没有使用，读出总是为0，不能写入。

(5) 寄存器D(表7-6)。

表7-6　寄存器D各位说明

位	Bit7	Bit6	Bit5	Bit4	Bit3	Bit2	Bit1	Bit0
名称	VRT	0	0	0	0	0	0	0

VRT(Valid RAM and Time)为有效性检查位。VRT位指示着内部电池状态，该位不能写入，只能读出，正常时VRT=1，当读到VRT=0，表示内部锂电池已耗尽，RTC和RAM的数据将不可靠。一些对时间正确性有较高要求的系统，程序中应定期测试该位，一旦发现VRT=0，则应有更换芯片的提示。复位操作对该位无影响。

(6) 世纪寄存器。

世纪寄存器位于RAM地址32H，是为解决2000年问题而设计的，它是BCD寄存器。年寄存器从99变化到00时，该寄存器自动置为20H，用户对该寄存器写入时，高位保持不变。

DS12C887中，有113个通用非易失性(NONVOLATILE)RAM，供用户自由分配使用，V_{CC}停电后，内容不会丢失。

6. 中断。

DS12C887有3个中断源，即报警中断(Alarm Interrupt)、周期中断(Periodic Interrupt)和更新结束中断(Update-ended Interrupt)。报警中断可由程序设置，从每秒1次到每天1次。周期中断可由程序设置，从500ms到122μs。更新结束中断可用来表示1个更新周期结束。

寄存器B中有这3个中断源允许位AIE、PIE和UIE。相应的允许位置位，则表示允许发出中断请求信号。

寄存器C中有这3个中断源的标记位AF、PF和UF，中断条件满足时，相应的标记位置位。任何一对中断标记位和允许位同时置位，寄存器C中的IRQF位就置位，而引脚$\overline{IRQ}$被置为有效电平——低电平。

程序读取寄存器C内容后，寄存器C中的AF、PF、UF和IRQF标记位就会复位。

7. 方波输出和周期中断选择。

方波频率由寄存器A中的RS3、RS2、RS1、RS0位选择，寄存器B中的SQWE位控制方波是否允许从SQW引脚输出。

周期中断时间间隔的选择与方波频率一样，由寄存器A中的RS3、RS2、RS1、RS0位选择，寄存器B中的PIE为中断允许位，寄存器C中的PF为周期中断标记位。

8. 时序。

DS12C887有两种总线模式，与MCS-51单片机相连时，采用Intel总线模式。此时MOT引脚接GND或悬空，AS/ALE引脚作地址锁存允许端ALE，DS/$\overline{RD}$引脚作$\overline{RD}$端，R/$\overline{W}$作$\overline{WR}$端。Intel总线模式下，读写时序分别如图7-5和图7-6所示。

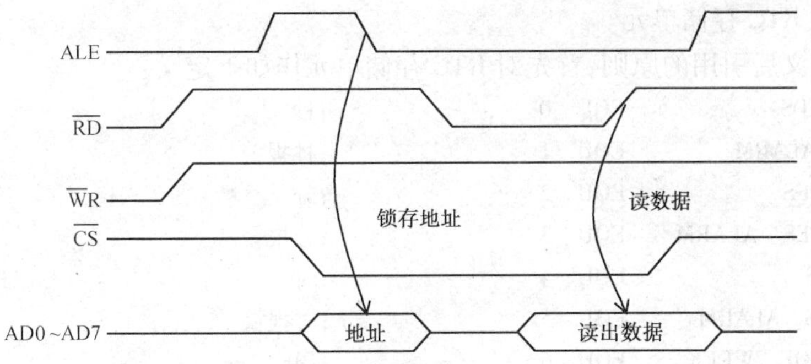

图 7-5　Intel 总线模式时的读时序

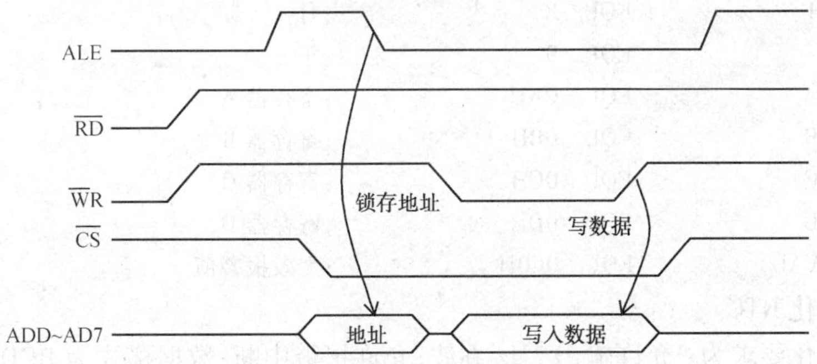

图 7-6　Intel 总线模式时的写时序

三、实验内容

1. DS12C887 与单片机参考接口方式如图 7-7 所示，按图连接导线。

2. 对设置、读取实时时钟的源程序进行汇编、调试。

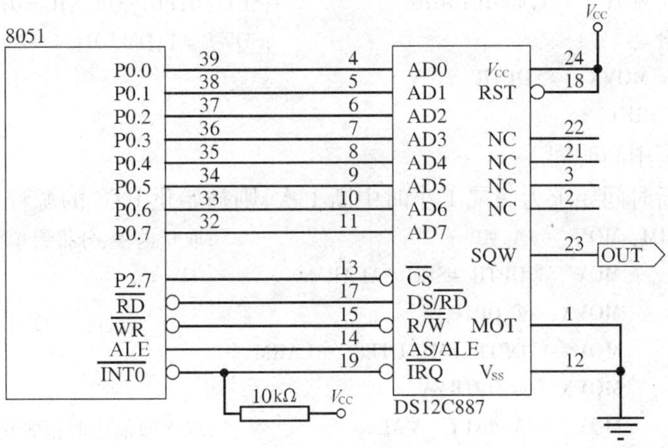

图 7-7　DS12C887 与 8051 单片机连接图

3. 对 DS12C887 进行实时时间的读取及修改。

DS12C887 与 8051 单片机的接口如图 7-7 所示。其中，DS12C887 的 $\overline{CS}$ 接单片机的 P2.7，则 DS12C887 的寻址范围为 0000H~007FH 到 7F00H~7F7FH。

下面给出一些对 DS12C887 操作的程序：

(1) 定义 RTC 存储单元。

根据先定义后引用的原则,首先对 RTC 存储单元作如下定义:

```
SECONDS          EQU  0        ;秒
SEC_ALARM        EQU  1        ;秒报警
MINUTES          EQU  2        ;分
MINUTES_ALARM    EQU  3        ;分报警
HOURS            EQU  4        ;时
HOURS_ALARM      EQU  5        ;时报警
DAY_OF_WEEK      EQU  6        ;周
DATE_OF_MONTH    EQU  7        ;日
MONTH            EQU  8        ;月
YEAR             EQU  9        ;年
REG_A            EQU  0AH      ;寄存器 A
REG_B            EQU  0BH      ;寄存器 B
REG_C            EQU  0CH      ;寄存器 C
REG_D            EQU  0DH      ;寄存器 D
NUL_VAL          EQU  0C0H     ;无效报警值
```

(2) 初始化 RTC。

假定初始化要求为:允许输出 2Hz 方波;允许报警中断;数据格式为 BCD;采用 24 小时计时;禁用夏令时。则初始化 RTC 的源程序如下:

```
INIT_RTC: MOV   DPTR,#REG_A       ;初始化寄存器 A
          MOV   A,#00101111B      ;UIP=0;DV2-DV0=010;RS3-RS0=1111
          MOVX  @DPTR,A
          MOV   DPTR,#REG_B       ;初始化寄存器 B
          MOV   A,#00101010B      ;SET=0;PIE、AIE、UIE=010
                                  ;SQWE=1;DM=0;24/12=1;DSE=0
          MOVX  @DPTR,A
          RET
```

(3) 设置报警中断时间。

假定报警中断时间要求为每隔 1 小时中断 1 次,则初始化 RTC 的源程序如下:

```
SET_ALARM: MOV   A,#0                  ;取 0 送秒、分报警单元
           MOV   DPTR,#SEC_ALARM
           MOVX  @DPTR,A
           MOV   DPTR,#MINUTES_ALARM
           MOVX  @DPTR,A
           MOV   A,#NUL_VAL            ;取无效值送时报警单元
           MOV   DPTR,#HOURS_ALARM
           MOVX  @DPTR,A
           RET
```

(4) 读 RTC 到内部 RAM。

假定读 RTC 到内部 RAM 的要求为:将 RTC 中的秒、分、时读入到内部 RAM 中的以 BUF_RTC 为首址的前 3 个单元中,相应的源程序如下:

```
READ_RTC: MOV    DPTR,#REG_A       ;寄存器 A
          MOVX   A,@DPTR
          JB     ACC.7, READ_RTC   ;ACC.7 为 UIP 位,UIP=1 不能读
          MOV    R0,#BUF_RTC       ;BUF_RTC 为已定义的内部 RAM 缓冲区首址
          MOV    DPTR,#SECONDS
          MOVX   A,@DPTR
          MOV    @R0,A
          INC    R0
          MOV    DPTR,#MINUTES
          MOVX   A,@DPTR
          MOV    @R0,A
          INC    R0
          MOV    DPTR,#HOURS
          MOVX   A,@DPTR
          MOV    @R0,A
          RET
```

其中 BUF_RTC 之前应先有定义。读 RTC 时,要先测试寄存器 A 中的 UIP 位,以防止读 RTC 时发生数据更新,而得到不完整的数据。当然在测试 UIP 期间不能有其他可能会产生影响的中断发生,所以还应先暂时屏蔽中断。当然,也可利用周期中断、更新中断和报警中断方式来读 RTC。

(5) 写内部 RAM 到 RTC。

假定写内部 RAM 到 RTC 的要求为:将 BUF_RTC 区中的前 3 个单元送 RTC 中的秒、分、时单元。相应的源程序如下:

```
WRITE_RTC: MOV    DPTR,#REG_B      ;置位寄存器 B 中的 SET 位
           MOVX   A,@DPTR
           ORL    A,#10000000B
           MOVX   @DPTR,A
           MOV    R0,#BUF_RTC      ;BUF_RTC 为已定义的内部 RAM 缓冲区首址
           MOV    DPTR,#SECONDS
           MOV    A,@R0
           MOVX   @DPTR,A
           INC    R0
           MOV    DPTR,#MINUTES
           MOV    A,@R0
           MOVX   @DPTR,A
           INC    R0
           MOV    DPTR,#HOURS
           MOV    A,@R0
           MOVX   @DPTR,A
           MOV    DPTR,#REG_B      ;复位寄存器 B 中的 SET 位
           MOVX   A,@DPTR
           ANL    A,#01111111B
```

```
            MOVX    @DPTR,A
            RET
```

其中 BUF _ RTC 之前应先有定义。写 RTC 时,要先置寄存器 B 中的 SET 位,以防止写 RTC 期间发生数据更新,而影响数据的完整性。

(6) 内部 RAM 与 DS12C1887RAM 之间的数据传送。

假定内部 RAM 数据传送到 DS12C1887 的 RAM 的要求为:内部 RAM 首址存于 R0, DS12C1887RAM 首址存于 DPTR;传送字节数存于 R2。相应的源程序如下:

```
MOVE_ITOE: MOV     A,@R0
           MOVX    @DPTR,A
           INC     R0
           INC     DPTR
           DJNZ    R2, MOVE_ITOE
           RET
```

假定 DS12C1887RAM 中数据送到内部 RAM 中的要求为: DS12C1887RAM 首址存于 DPTR;内部 RAM 首址存于 R0;传送字节数存于 R2。相应的源程序如下:

```
MOVE_ETOI: MOVX    A,@DPTR
           MOV     @R0,A
           INC     R0
           INC     DPTR
           DJNZ    R2, MOVE_ETOI
           RET
```

四、实验仪器与器件

1. 硬件设备:可插接标准双列直插插座的实验电路板(1 块)、51 系列单片机仿真系统(1 台)、直流稳压电源(+5V, ±12V)(1 台)、万用表(1 台)。

2. 主要实验器件: DS12C887 芯片及其他辅助芯片、数码管或 LCD 显示器件、导线(若干)。

五、实验报告要求

1. 记录硬件连接及软件调试、修改过程。
2. 根据 Intel 总线模式时的时序,分析解释对 DS12C887 进行的读、写操作过程。
3. 列出实验程序清单。

六、实验预习要求

1. 熟悉 DS12C887 的工作原理,理解各引脚的功能及使用方式。
2. 理解图 7-7 的硬件接口原理。
3. 编制对 DS12C887 初始化程序及对实时时间的读取、修改程序。
4. 对本实验教材前几部分内容如键盘输入、数码管显示等内容的复习。

【提高篇】

1. 分析图 7-7 中 DS12C887 占用的单片机系统地址空间范围。

2. 在图 7-7 所示硬件的基础上,设计出键盘接口和显示接口。画出硬件接口电路,编写程序。

第八章　综合实验

实验 8.1　数据采集系统的实现

【基础篇】

一、实验目的

掌握利用 MCS-51 单片机实现数据采集的原理与方法。

二、实验要求

利用 AT89S51 和 ADC0809 设计一个直流数字电压测量系统，能够测量 0 ~ 5V 之间的直流电压值，用 3 位数码管显示测量结果（整数 1 位，小数 2 位）。

三、系统结构图

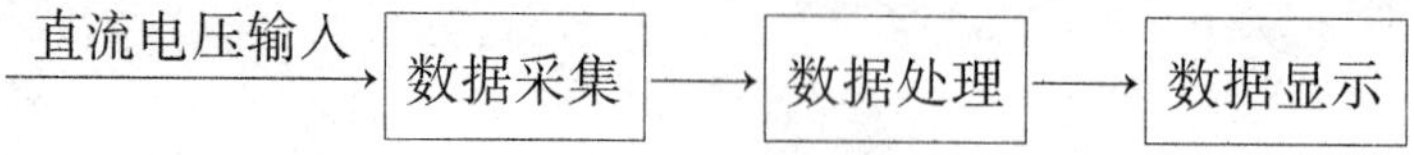

图 8-1　系统结构图

四、系统电路图

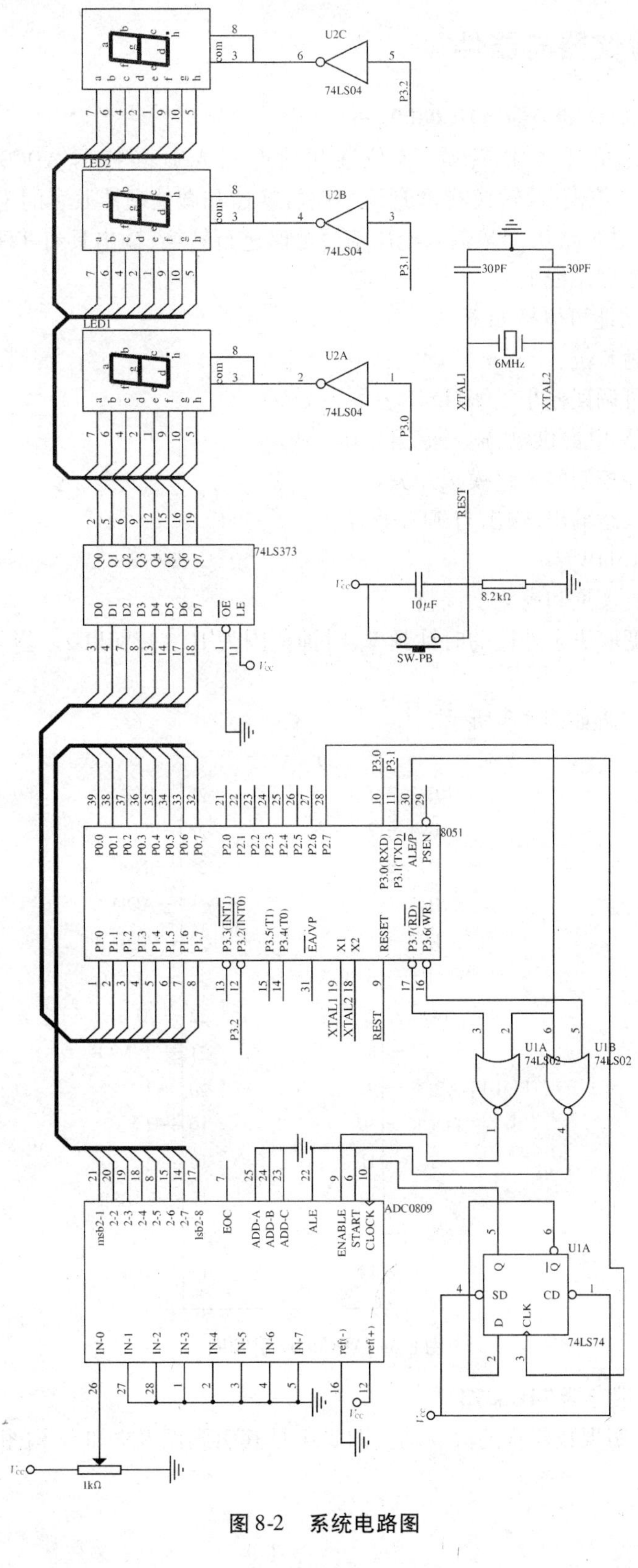
U2C
74LS04
U2B
74LS04
U2A
74LS04
LED2
LED1
30PF
30PF
6MHz
74LS373
10μF
8.2kΩ
SW-PB
8051
U1A
74LS02
U1B
74LS02
ADC0809
U1A
74LS74
1kΩ

图 8-2　系统电路图

五、实验仪器与器件

1. 8 路 8 位 A/D 转换器 ADC0809。

ADC0809 用来完成 A/D 转换。8 位逐次逼近式 A/D 转换器 ADC0809 是一种单片 CMOS 器件，包括 8 位模/数转换器、8 通道多路转换器和微处理器兼容的逻辑。片内的 8 路模拟转换开关，可对 8 路 0 ~ 5V 输入电压信号分时进行转换，输出具有 TTL 三态锁存，可直接连到单片机及数据总线上。

ADC0809 的功能可概括如下：

（1）分辨率为 8 位。

（2）最大不可调误差小于 ±1LSB。

（3）单一 +5V 电源供电，输入范围为 0 ~ 5V。

（4）具有锁存控制的 8 路模拟开关。

（5）可锁存三态输出，输出与 TTL 兼容。

（6）功耗为 15mW。

（7）不必进行零点和满刻度调整。

（8）转换速度取决于外接的时钟频率，时钟范围为 10 ~ 1280kHz。当 f_{CLK} = 500kHz 时，转换速度为 128μs。

ADC0809 的引脚如图 8-3 所示。

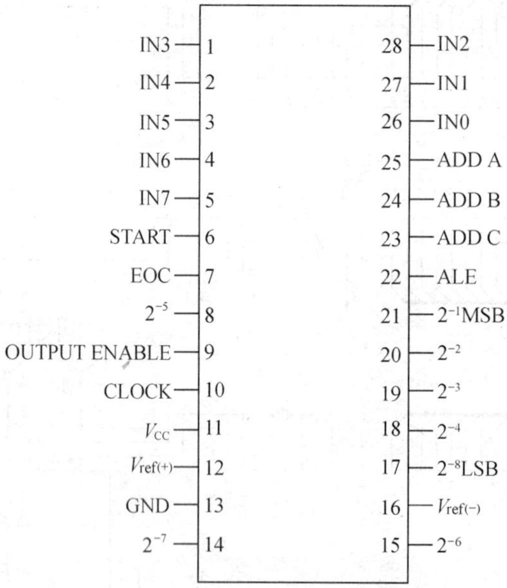

图 8-3　ADC0809 引脚图

2. 三态 D 型锁存器 74LS373。

74LS373 用来实现数码管的段驱动。图 8-4 是其引脚图及内部结构图。表 8-1 是其真值表。

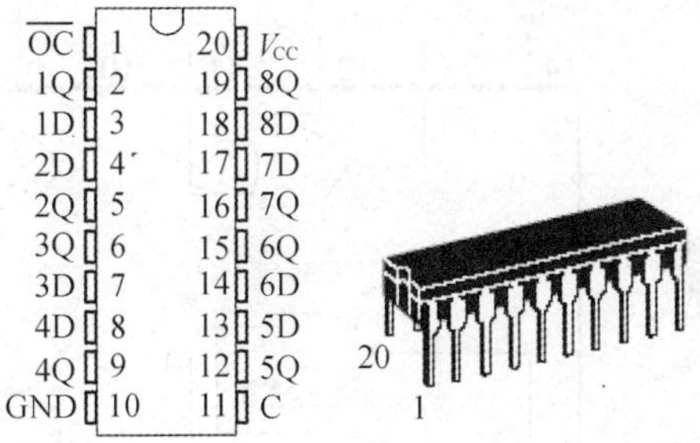

(a) 引脚图

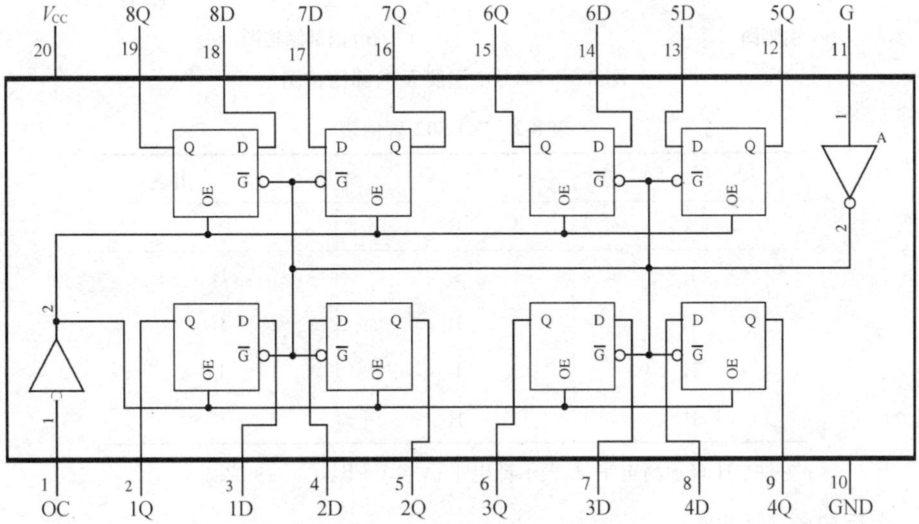

(b) 内部结构图

图 8-4　74LS373 引脚及内部结构图

表 8-1　74LS373 真值表

输出控制	使能端 G	D	输出
L	H	H	H
L	H	L	L
L	L	X	Q_0
H	X	X	Z

3. 四 2 输入或非门 74LS02。

图 8-5 是 74LS02 的引脚及内部结构图，表 8-2 是其真值表。

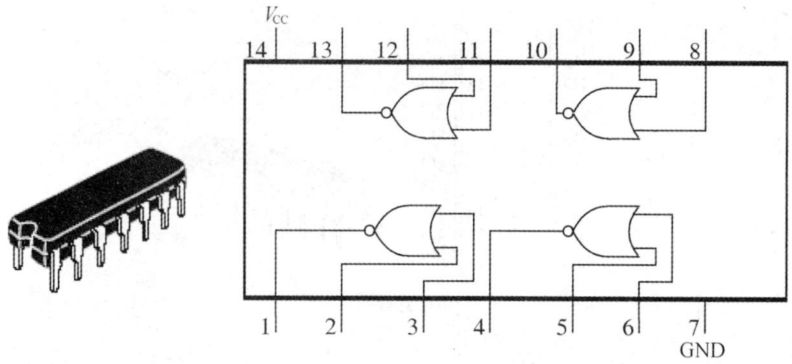

(a) 引脚图　　　　(b) 内部结构图

图 8-5　74LS02 引脚及内部结构图

表 8-2　74LS02 真值表

输　入		输　出
A	B	Y
L	L	H
L	H	L
H	L	L
H	H	L

注：H 表示高电平，L 表示低电平；$Y = \overline{A + B}$。

4. 六反向器 74LS04。

74LS04 用来实现数码管的位驱动。图 8-6 是 74LS04 的引脚及内部结构图，表 8-3 是其真值表。

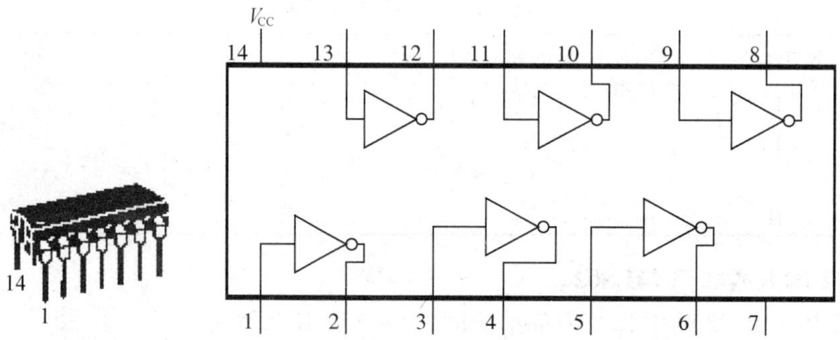

(a) 引脚图　　　　(b) 内部结构图

图 8-6　74LS04 引脚及内部结构图

表 8-3　74LS04 真值表

输　入	输　出
A	Y
L	H
H	L

注：H 表示高电平，L 表示低电平；$Y = \overline{A}$。

5. 双 D 触发器 74LS74。

74LS74 用来实现对 ALE 信号的 2 或 4 分频。图 8-7 是其引脚及内部结构图。

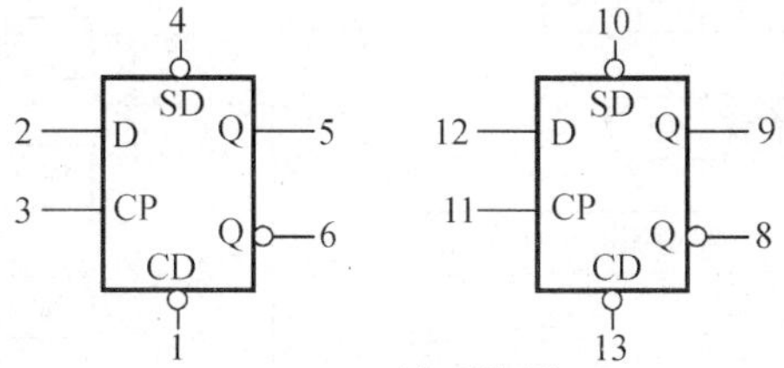

(a) 引脚图

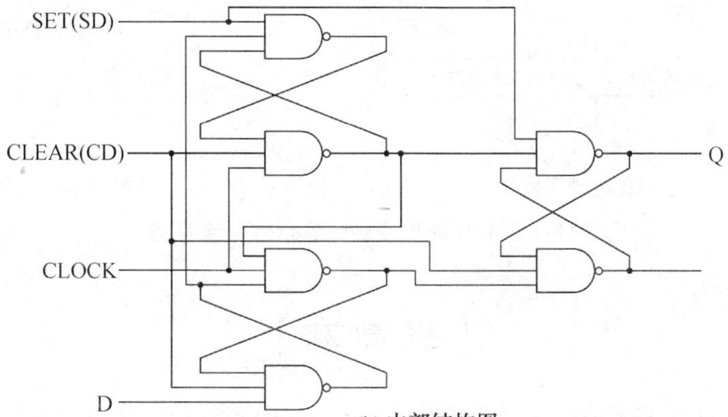

(b) 内部结构图

注：14 接 V_{CC},7 接 GND。

图 8-7　74LS74 引脚及内部结构图

六、软件流程

软件包括主控程序、A/D 转换子程序、数据处理子程序和显示子程序几个部分。经A/D 转换后的数据存放在 30H 单元中，显示缓冲区为 40H ~ 42H，其中 40H 中存放整数位，41H 和 42H 中存放两位小数位。图 8-8 是 A/D 转换及数码显示软件流程图。

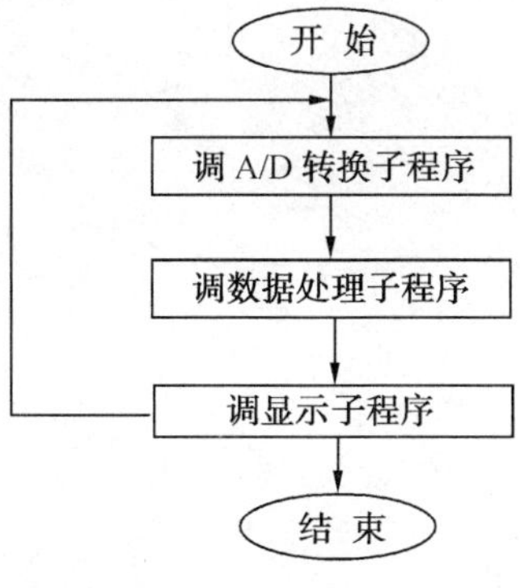

(a) 主控程序

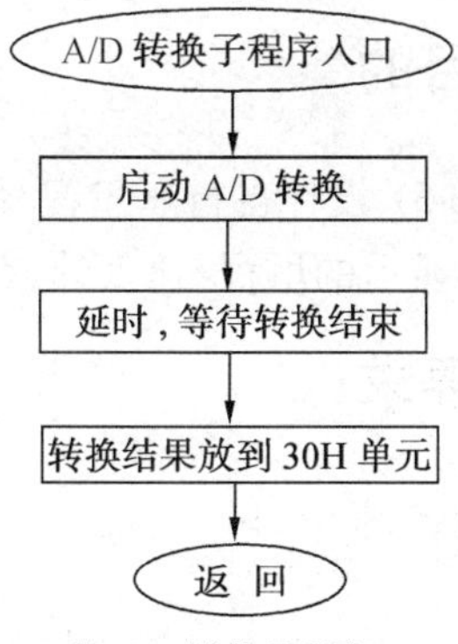

(b) A/D 转换子程序

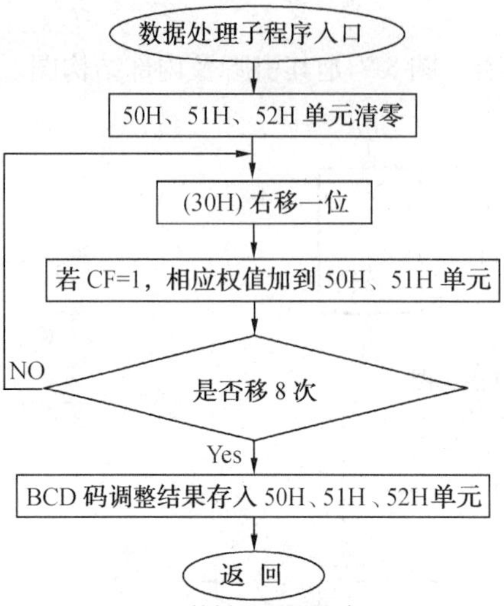

(c) 数据处理子程序

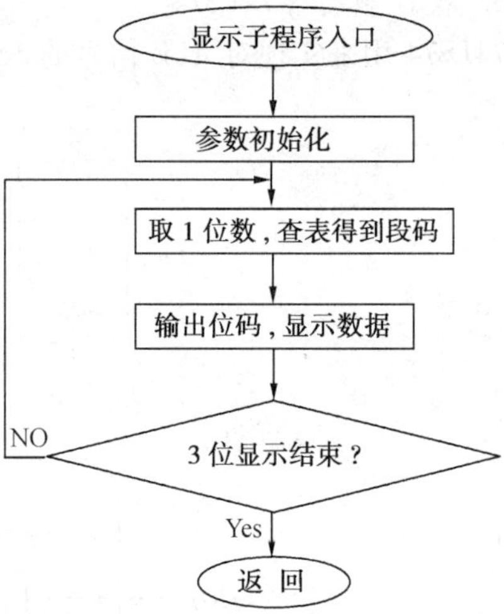

(d) 显示子程序

图 8-8　A/D 转换及数码显示软件流程图

【提高篇】

1. 设计以查询方式或中断方式，实现 A/D 转换的接口电路，并编写程序。
2. 若数码管采用硬件方式（74LS47）进行译码，请修改接口电路及程序。
3. 设计多路数据采集系统。

实验 8.2　自行车速度计的设计

【基础篇】

一、实验目的

1. 掌握用 MCS-51 设计自行车里程/速度计的方法。
2. 设计可切换显示的里程/速度计，并用 LCD 显示。

二、实验要求

1. 画出电路图。
2. 焊接电路板。
3. 编写程序实现设置车轮周长值、计算自行车轮每转一圈的时间、计算速度并用数码管显示出来。

三、电路原理框图

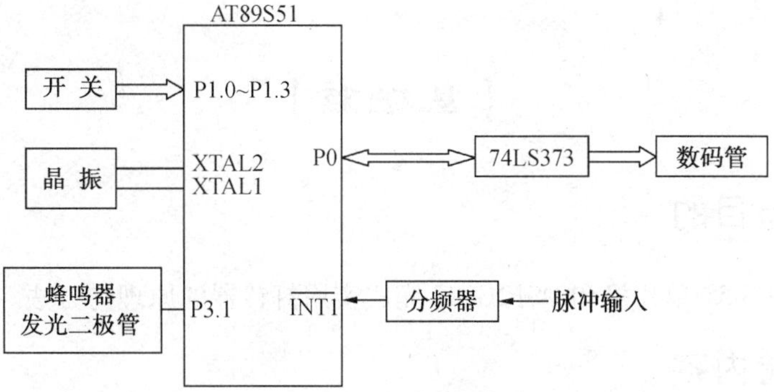

图 8-9　电路原理框图

四、实验流程图

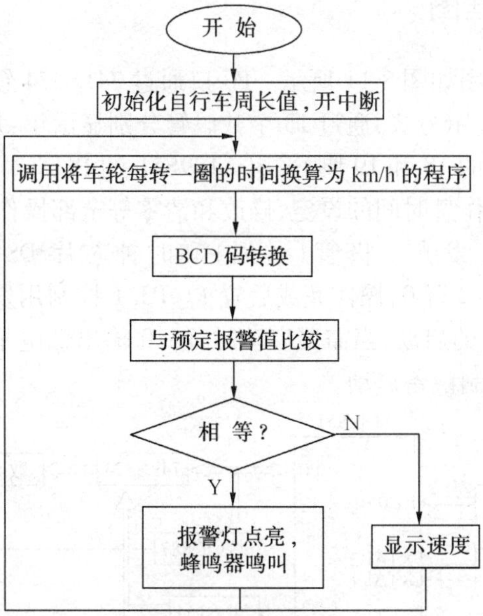

图 8-10　实验流程图

【提高篇】

1. 在该实验的基础上完成自行车里程计的设计。
2. 设计可切换显示的里程/速度计，并用 LCD 显示。

实验 8.3　打铃器的设计

【基础篇】

一、实验目的

掌握利用 MCS-51 单片机和 DS12C887 完成实用打铃器的原理与方法。

二、实验内容

1. 采用按键控制走时时间和作息时间的设定。
2. 用数码管显示年、月、日、星期、小时和分钟，用两个发光二极管实现秒闪。

三、实验电路框图

打铃器的硬件电路框图如图 8-11 所示。P0 口通过 74LS374 锁存器去控制数码管的显示，数码管采用并行静态显示方式，通过 13 个数码管分别显示年、月、日、星期、小时和分；采用 6MHz 晶振接 AT89S51 的 18 和 19 脚；采用 AT89S51 的 P1 口对按键进行控制，五个功能按键实现了对走时时间和作息时间的设定、修改和清零等全部操作。P3.0、P3.1 和 P3.2 三个端口分别控制继电器、发光二极管（秒闪）和时钟芯片 DS12C887。当调用或读写 DS12C887 内的数据时，P3.2 置 0，操作完成后置 1。P3.1 控制用发光二极管做显示的秒闪信号。P3.0 控制外部设备的启动，当需要启动时，P3.0 输出低电平，使光耦工作，光耦的输出信号使继电器吸合以控制设备启动。

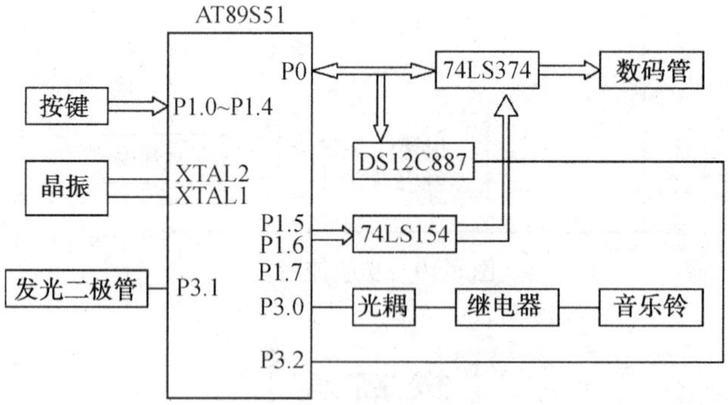

图 8-11　实验电路框图

四、实验流程图

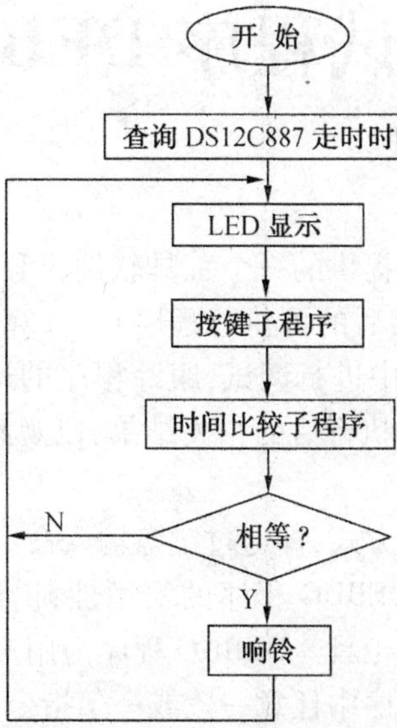

图 8-12　系统主程序流程图

【提高篇】

1. 在完成基础篇的基础上，打铃器增加设计一个串行通信接口，实现 PC 机对打铃器的编程和控制。

2. 用 AT89S51 和 DS12C887 完成高精度倒计时牌的设计。

附录一　调试程序 DEBUG 的使用

DEBUG 调试程序是操作系统提供的一个工具软件。利用 DEBUG 程序，程序员可动态调试汇编语言程序(经汇编和连接后的可执行程序)。计算机系统在 DEBUG 状态下，可以把可执行程序(文件)调入到内存中进行调试，跟踪程序的运行状况。通过单步、设置断点等运行程序的方式，检测各条指令执行后的相关结果，以观察是否达到预期的结果，从而发现程序语句编排上的错误。

DEBUG 程序采用的是命令行方式，即通过键盘输入命令，按回车键后开始执行该命令。尽管这种方式不太方便，但由于 DEBUG 程序的实用性，仍使其成为学习汇编语言程序设计、计算机硬件技术等课程的有效工具。DEBUG 程序为用户提供的命令大致有显示和修改寄存器和存储单元的内容；执行程序中任意一段或一条指令；汇编单条源语句指令或反汇编机器码指令；查找字符代码；比较和简单的加减计算；端口的输入和输出；文件装入内存和写入磁盘等。

一、进入DEBUG

DEBUG 程序有两种启动方法，启动方式 1 为

C:\>debug↙

“>”是 DOS 状态提示符。这种启动方法只把 debug.exe 调试程序本身装入内存并启动它，使系统进入 DEBUG 命令状态，此后可输入各种 DEBUG 命令。此时并未将需要调试的程序装入内存，若要把需要调试的程序装入内存，还需要用到 DEBUG 命令中的 N 和 L 命令(后面将会介绍)。

启动方式 2 为

C:\>debug [d:][path] filename[.exe]↙

其中 filename 是所需要调试的应用程序的文件名，可选项[d:]、[path]和[.exe]分别是要调试的应用程序所在的盘符、路径和扩展名。这种启动方法一次性把 debug.exe 调试程序和需要调试的应用程序调入内存并启动 DEBUG。此后可直接用 DEBUG 命令对应用程序进行各种调试操作。

无论用哪种启动方式，进入 DEBUG 状态后，屏幕呈黑底白字，并出现提示符“-”，表示等待键盘输入 DEBUG 命令。若要退出 DEBUG 状态返回 DOS 状态，可输入命令

-q↙

二、DEBUG命令

1. DEBUG 命令概述。

这一节中，我们将对 DEBUG 程序的主要命令进行介绍。在使用 DEBUG 命令时，应注意以下一些特点和技巧：

（1）除命令 RF 外，DEBUG 命令本身均为一个英文字母，后面跟一个或多个参数，有些命令不给参数也能执行，如[ ]内的参数，这种情况下是用默认值作为参数。

（2）DEBUG 下输入和显示的数均为十六进制数，故数字后面不可加数制符 H、O、B 等，否则认为命令错。

（3）命令和参数所用的字母不区分大小写。

（4）在命令和参数中，两个相邻的十六进制数值之间必须用空格或逗号分开，其他各部分之间有无空格或逗号都可以，如以下几种命令格式是等效的：

```
dcs：100 110
d cs：100 110
d,cs：100,110
```

（5）若命令输入有误时，DEBUG 会显示错误信息“error”，表示该命令使用失败。

（6）有时可用 Ctrl + Break 键停止一个命令的执行，返回 DEBUG 提示符“ - ”状态。

（7）若一个命令产生大量输出，可用 Ctrl + S 键暂停显示，按任意一个键后可重新启动显示。

2. DEBUG 命令。

（1）显示内容命令 D（Dump）。

格式：① D　[地址]

　　　② D　[地址范围]

　　　③ D

功能：显示指定内存范围的内容。

显示形式：每一行可显示 16 个顺序字节单元的内容，每一行又由三部分组成，第一部分在屏幕的最左边，它表示这 16 个字节起始单元的段地址和偏移地址；第二部分在屏幕的中间，从左到右依次显示这 16 个字节单元中的十六进制内容，并在前 8 个字节和后 8 个字节之间加一个分隔符“ - ”；第三部分是与十六进制数相对应的 ASCII 码字符，对于无法显示的字符均以“ · ”代替。

对于格式①、③，每次显示 128 个字节内容（8 行）；格式②显示的字节数由地址范围来决定。

若命令中有地址，则显示的内容从指定地址开始；若命令中无地址（如格式③），则从上一个 D 命令所显示的最后一个单元的下一个单元开始显示；若以前没有使用过 D 命令，则以 DEBUG 初始化的段寄存器的内容为起始段地址，起始偏移地址为 100H，即 CS:100。

格式①中的地址为偏移地址，段地址为 CS 的内容，对于格式②中的地址范围，可以指定段地址、起始偏移地址和终止偏移地址。

例如，显示起始地址为 100H 的内容：

```
-d 100↙
136C:0100  3C 3E 75 70 38 04 75 06-AC 26 FE 06 3C 04 E8 2E   <>up8.u..&..<...
136C:0110  FB 3C 3C 74 04 3C 0D 75-0D C6 05 0D 34 00 5B 13   .<<t.<.u....4.[.
136C:0120  04 09 00 E9 C3 00 57 BF-E7 04 8B DF 32 D2 06 51   ......W.....2..Q
136C:0130  B9 04 01 AC 3C 0D 74 23-3C 22 75 05 80 F2 01 EB   ....<.t#<"u.....
136C:0140  F2 0A D2 75 19 E8 FF FA-74 11 3A 06 1E D4 74 0B   ...u....t.:...t.
136C:0150  3C 3C 74 04 3C 3E 75 06-4E B0 20 59 EB 68 AA E8   <<t.<>u.N. Y.h..
136C:0160  44 F8 74 09 E3 F5 AC 3C-0D 74 F0 AA 49 E2 C4 EB   D.t....<.t..I...
136C:0170  EA 59 EB 4D 3C 3C 75 25-8B DE E8 C2 FA 3C 3E 74   .Y.M<<u%.....<>t
```

再显示偏移地址为100H~120H的内容：

```
-d 100 120↙
136C:0100  3C 3E 75 70 38 04 75 06-AC 26 FE 06 3C 04 E8 2E   <>up8.u..&..<...
136C:0110  FB 3C 3C 74 04 3C 0D 75-0D C6 05 0D 34 00 5B 13   .<<t.<.u....4.[.
136C:0120  04                                                .
```

接着只用D命令不键入地址，即可紧接着上次D显示的地址开始显示128个字节：

```
-d↙
136C:0120     09 00 E9 C3 00 57 BF-E7 04 8B DF 32 D2 06 51   .....W.....2..Q
136C:0130  B9 04 01 AC 3C 0D 74 23-3C 22 75 05 80 F2 01 EB   ....<.t#<"u.....
136C:0140  F2 0A D2 75 19 E8 FF FA-74 11 3A 06 1E D4 74 0B   ...u....t.:...t.
136C:0150  3C 3C 74 04 3C 3E 75 06-4E B0 20 59 EB 68 AA E8   <<t.<>u.N. Y.h..
136C:0160  44 F8 74 09 E3 F5 AC 3C-0D 74 F0 AA 49 E2 C4 EB   D.t....<.t..I...
136C:0170  EA 59 EB 4D 3C 3C 75 25-8B DE E8 C2 FA 3C 3E 74   .Y.M<<u%.....<>t
136C:0180  04 3C 0D 75 0B C6 05 0D-C7 06 F1 E3 09 00 EB 59   .<.u...........Y
136C:0190  57 BF F1 E3 8B DF 06 0E-07 32 D2 EB 92 8A E0 80   W........2......
136C:01A0  FC                                                .
```

又例如，指定数据段寄存器DS的内容为段地址，显示在该段内偏移地址为100H~157H的内容：

```
-d ds:100 157↙
136C:0100  3C 3E 75 70 38 04 75 06-AC 26 FE 06 3C 04 E8 2E   <>up8.u..&..<...
136C:0110  FB 3C 3C 74 04 3C 0D 75-0D C6 05 0D 34 00 5B 13   .<<t.<.u....4.[.
136C:0120  04 09 00 E9 C3 00 57 BF-E7 04 8B DF 32 D2 06 51   ......W.....2..Q
136C:0130  B9 04 01 AC 3C 0D 74 23-3C 22 75 05 80 F2 01 EB   ....<.t#<"u.....
136C:0140  F2 0A D2 75 19 E8 FF FA-74 11 3A 06 1E D4 74 0B   ...u....t.:...t.
136C:0150  3C 3C 74 04 3C 3E 75 06                           <<t.<>u.
```

（2）修改存储单元内容命令E（Enter）。

格式：① E ［地址］［内容表］

② E ［地址］

功能：格式①为用命令所给定的内容表去替代指定地址范围的内存单元中的内容；格式②为一个单元一个单元地连续修改单元的内容。

其中，内容表可以为一个十六进制数或一串十六进制数，也可以是用单引号括起来的一串字符。

例如,向200H为起始地址的单元中存放一串十六进制数:

```
-e 200 61 62 63 64 65 66 67 68 69 70 71 72 73 74 75 76↙
```

再看一下这些十六进制数是否替换了原来单元的内容:

```
-d 200 210↙
136C:0200  61 62 63 64 65 66 67 68-69 70 71 72 73 74 75 76   abcdefghipqrstuv
136C:0210  2D
```

用一串字符来替换从200H单元开始的内容:

```
-e 200 'This is my computer,THANK YOU!'↙
```

单引号中的每个字符包括空格都将以ASCII码的形式依次存入偏移地址为200H开始的单元中。

再用D命令看看是否已经替换:

```
-d 200,220↙
136C:0200  54 68 69 73 20 69 73 20-6D 79 20 63 6F 6D 70 75   This is my compu
136C:0210  74 65 72 2C 54 48 41 4E-4B 20 59 4F 55 20 21 FE   ter,THANK YOU!.
136C:0220  5E                                                ^
```

从给定的地址单元开始逐字节修改,当输入修改命令后,屏幕将从起始地址开始逐个显示单元内容,若要修改该单元内容,可在原内容之后直接输入新内容,然后按空格键进入下一个单元的修改,若不需要修改,可直接按空格键进入下一个单元的修改。如要结束修改,可按回车键。

```
-e 200↙
136C:0200   1E.61   1A.62   D4.63   89.64   3E.65   E3.66   04.67   A3.68
136C:0208   E5.69   04.6a   1F.6b   8B.6c   36.6d   A4.6e   DF.6f   E8.70
136C:0210   2D.71   FA.72   AC.73   AA.74   3C.75   0D.76   75.77   FA.78
136C:0218   56.79   8B.7a
```

查看一下修改结果:

```
-d 200 231↙
136C:0200  61 62 63 64 65 66 67 68-69 6A 6B 6C 6D 6E 6F 70   abcdefghijklmnop
136C:0210  71 72 73 74 75 76 77 78-79 7A 36 A4 DF 89 4C FE   qrstuvwxyz6... L.
136C:0220  5E 8E 06 1A D4 26 80 3E-43 04 00 0E 07 C3 BA 54   ^.... &. >C...... T
136C:0230  87 E9                                             ..
```

(3) 填充内容命令F(Fill)。

格式:F [范围][单元内容表]

功能:将单元内容表中的内容重复装入内存的指定范围内。也就是说,如果内容表中包含的字节数少于命令中给出地址范围的单元数,则把内容表的字节重复置入指定的地址区,直到填满为止;如果内容表中包含的字节数多于命令中给出地址范围的单元数,则多出的字节被忽略。如果地址范围中不指明段地址,则默认段地址为DS。例如:

```
-f 200 l50 B3 'XYZ' A8↙
```

该命令是将DS的值作为段地址,偏移地址为200H,长度(l)为50H的单元中重复置入十六进制数B3H、58H、59H、5AH、A8H,再用D命令可显示结果:

```
-d 200↙
```

```
136C:0200  B3 58 59 5A A8 B3 58 59-5A A8 B3 58 59 5A A8 B3   .XYZ..XYZ..XYZ..
136C:0210  58 59 5A A8 B3 58 59 5A-A8 B3 58 59 5A A8 B3 58   XYZ..XYZ..XYZ..X
136C:0220  59 5A A8 B3 58 59 5A A8-B3 58 59 5A A8 B3 58 59   YZ..XYZ..XYZ..XY
136C:0230  5A A8 B3 58 59 5A A8 B3-58 59 5A A8 B3 58 59 5A   Z..XYZ..XYZ..XYZ
136C:0240  A8 B3 58 59 5A A8 B3 58-59 5A A8 B3 58 59 5A A8   ..XYZ..XYZ..XYZ.
136C:0250  2B C6 8B C8 E8 3B F4 83-F9 7F 72 0B B9 7E 00 F3   +....;....r..~..
136C:0260  A4 B0 0D AA 47 EB 08 AC-AA 3C 0D 74 02 EB F8 8B   ....G....<.t....
136C:0270  CF 81 E9 82 00 26 88 0E-80 00 C3 8B 1E A4 DF BE   .....&..........
```

（4）移动命令 M（Move）。

格式：M ［源地址范围］［目标起始地址］

功能：将源地址范围的内容搬至以目标起始地址开始的存储单元中，其中源地址和目标地址均为偏移地址，而默认段地址为 DS 的内容。

例如，将 200H～250H 的内容搬到以 400H 为起始单元的内存区中去。首先查看一下内存 200H～270H 和 400H～470H 的内容：

```
-d 200↙
136C:0200  1E 1A D4 89 3E E3 04 A3-E5 04 1F 8B 36 A4 DF E8   ....>.......6...
136C:0210  2D FA AC AA 3C 0D 75 FA-56 8B 36 A4 DF 89 4C FE   -...<.u.V.6...L.
136C:0220  5E 8E 06 1A D4 26 80 3E-43 04 00 0E 07 C3 BA 54   ^....&.>C......T
136C:0230  87 E9 4D FE BF 81 00 8B-36 A4 DF 8B 44 FE BE D8   ..M.....6...D...
136C:0240  DC 8B 74 09 03 C6 50 E8-F5 F9 58 E8 5A 00 03 F1   ..t...P...X.Z...
136C:0250  2B C6 8B C8 E8 3B F4 83-F9 7F 72 0B B9 7E 00 F3   +....;....r..~..
136C:0260  A4 B0 0D AA 47 EB 08 AC-AA 3C 0D 74 02 EB F8 8B   ....G....<.t....
136C:0270  CF 81 E9 82 00 26 88 0E-80 00 C3 8B 1E A4 DF BE   .....&..........
-d 400↙
136C:0400  CD 21 72 50 8B D8 B8 00-44 CD 21 F6 C2 80 75 68   .!rP....D.!...uh
136C:0410  B8 02 42 B9 FF FF 8B D1-CD 21 0E 1F B8 00 3F B9   ..B......!....?.
136C:0420  01 00 BA 2B D9 CD 21 72-2B 3B C1 75 17 80 3E 2B   ...+..!r+;.u..>+
136C:0430  D9 1A 8E 1E 1A D4 75 40-B8 01 42 B9 FF FF 8B D1   ......u@..B.....
136C:0440  CD 21 EB 34 2E 8E 1E 1A-D4 B8 00 42 33 C9 8B D1   .!.4.......B3...
136C:0450  CD 21 EB 24 3D 05 00 F9-75 03 E9 5B FF BE E7 04   .!.$=...u..[....
136C:0460  33 C9 2E A1 4B E8 BB 22-00 BA 12 01 BF 01 00 CD   3...K.."........
136C:0470  21 73 03 E9 42 FF 8B D8-B0 FF 86 47 18 A2 19 00   !s..B......G....
```

再用 M 命令将 200H～250H 的内容传送到 400H～450H 中：

```
-m 200 250 400↙
```

再查看 400H～450H 单元的内容：

```
-d 400↙
136C:0400  1E 1A D4 89 3E E3 04 A3-E5 04 1F 8B 36 A4 DF E8   ....>.......6...
136C:0410  2D FA AC AA 3C 0D 75 FA-56 8B 36 A4 DF 89 4C FE   -...<.u.V.6...L.
136C:0420  5E 8E 06 1A D4 26 80 3E-43 04 00 0E 07 C3 BA 54   ^....&.>C......T
136C:0430  87 E9 4D FE BF 81 00 8B-36 A4 DF 8B 44 FE BE D8   ..M.....6...D...
136C:0440  DC 8B 74 09 03 C6 50 E8-F5 F9 58 E8 5A 00 03 F1   ..t...P...X.Z...
```

```
136C:0450  2B 21 EB 24 3D 05 00 F9-75 03 E9 5B FF BE E7 04   +!.$=...u..[....
136C:0460  33 C9 2E A1 4B E8 BB 22-00 BA 12 01 BF 01 00 CD   3...K.."........
136C:0470  21 73 03 E9 42 FF 8B D8-B0 FF 86 47 18 A2 19 00   !s..B......G....
```

(5) 比较命令 C (Compare)。

格式：C ［源地址范围］,［目标起始地址］

功能：从源地址范围起始的地址单元开始逐个与目标起始地址往后的单元顺序比较每个单元内容，一直比较到源终止地址为止。比较结果如果一致则不显示任何信息；如果不一致，则以“［源地址］［源内容］［目的内容］［目的地址］”的形式显示失配单元地址及内容。

例如，比较 100H～107H 各单元的内容与 200H～207H 各单元的内容是否一致：

先看一下 100H～107H 和 200H～207H 各单元的内容：

```
-d 100 110↙
136C:0100  3C 3E 75 70 38 04 75 06-AC 26 FE 06 3C 04 E8 2E   <>up8.u..&..<...
136C:0110  FB                                                .
-d 200 210↙
136C:0200  1E 1A D4 89 3E E3 04 A3-E5 04 1F 8B 36 A4 DF E8   ....>......6...
136C:0210  2D
```

再用 C 命令进行比较：

```
-c 100 107,200↙
136C:0100  3C   1E   136C:0200
136C:0101  3E   1A   136C:0201
136C:0102  75   D4   136C:0202
136C:0103  70   89   136C:0203
136C:0104  38   3E   136C:0204
136C:0105  04   E3   136C:0205
136C:0106  75   04   136C:0206
136C:0107  06   A3   136C:0207
```

由于这 8 个单元的内容都不相同，因此列出了这 8 个失配单元的地址和内容。第一列为源单元的段地址；第二列为源单元的偏移地址；第三列为源单元的内容；第四列为目的单元的内容；第五列为目的单元的段地址；第六列为目的单元的偏移地址。

(6) 搜索指定内容命令 S (Scan)。

格式：S ［地址范围］［内容表］

功能：在指定地址范围搜索内容表中所列的内容，若搜索到就显示表中元素所在的地址。

例如，在地址范围 100H～150H 内搜索 51H 这个数据所在单元的地址。先看一下 100H～170H各单元的内容：

```
-d 100↙
136C:0100  3C 3E 75 70 38 04 75 06-AC 26 FE 06 3C 04 E8 2E   <>up8.u..&..<...
136C:0110  FB 3C 3C 74 04 3C 0D 75-0D C6 05 0D 34 00 5B 13   .<<t.<.u....4.[.
136C:0120  04 09 00 E9 C3 00 57 BF-E7 04 8B DF 32 D2 06 51   ......W.....2..Q
136C:0130  B9 04 01 AC 3C 0D 74 23-3C 22 75 05 80 F2 01 EB   ....<.t#<"u.....
136C:0140  F2 0A D2 75 19 E8 FF FA-74 11 3A 06 1E D4 74 0B   ...u....t.:...t.
```

```
136C:0150  3C 3C 74 04 3C 3E 75 06-4E B0 20 59 EB 68 AA E8   <<t.<>u.N. Y.h..
136C:0160  44 F8 74 09 E3 F5 AC 3C-0D 74 F0 AA 49 E2 C4 EB   D.t....<.t..I...
136C:0170  EA 59 EB 4D 3C 3C 75 25-8B DE E8 C2 FA 3C 3E 74   .Y.M<<u%.....<>t
```

用 S 命令进行搜索：

```
-s 100 150 51↙
136C:012F
```

搜索到逻辑地址为 136C:012F 的单元中内容为 51H，再在同样的地址范围内搜索 3CH 所在单元的地址：

```
-s 100 150 3C↙
136C:0100
136C:010C
136C:0111
136C:0112
136C:0115
136C:0134
136C:0138
136C:0150
```

搜索到上面所列 8 个单元中的内容均为 3CH。

(7) 检查和修改寄存器内容命令 R (Register)。

格式：① R

② R ［寄存器名］

③ RF

功能：格式①为显示 CPU 内部所有寄存器的内容和全部标志位的状态；格式②为显示和修改一个指定寄存器的内容；格式③为显示并修改标志寄存器 FLAG 的各标志位。

例如，用 R 命令显示所有寄存器的内容：

```
-r↙
AX=0000  BX=0000  CX=0000  DX=0000  SP=FFEE  BP=0000  SI=0000  DI=0000
DS=136C  ES=136C  SS=136C  CS=136C  IP=0100   NV UP EI PL NZ NA PO NC
136C:0100  3C3E          CMP     AL,3E
```

以上显示的意义是第一、二两行显示了所有 CPU 内部寄存器当前的内容和标志寄存器当前的全部标志状态。假如我们正在调试程序，以上最后一行显示的是下一条即将要执行的指令的地址(CS:IP)、指令机器码的十六进制表示和指令的汇编形式。

第二行右边部分对状态标志寄存器 FLAG 以位的形式显示。8 个标志的显示次序和符号如附表 1-1 所示。

附表 1-1　状态标志的显示形式及意义

标　志　位	状　　态	显示形式(=1/ =0)
溢出标志 OF	溢出/无溢出	OV/NV
方向标志 DF	递减/递增	DN/UP

续表

标 志 位	状 态	显示形式(=1/ =0)
中断标志 IF	开/关	EI/DI
符号标志 SF	负/正	NG/PL
零标志 ZF	为零/非零	ZR/NZ
辅助进位 AF	有/无	AC/NA
奇偶标志 PF	偶/奇	PE/PO
进位标志 CF	有进位/无进位	CY/NC

也可以用 R 命令显示某个指定寄存器的内容：

```
-r ds↙
DS 136C
:
```

表示当前(DS) =136CH,此时光标在冒号后闪烁,如不需修改 DS 的内容,按回车键确认即可,原值不改变;若要修改该寄存器的内容,可在显示的冒号后输入新的内容,然后回车,如:

```
-r ax↙
AX 0000
:1200↙
```

此时 AX 的内容将由 1200H 代替原值 0。

如果要显示并修改标志寄存器的内容,可输入:

```
-rf↙
NV UP EI PL NZ NA PO NC  -ov dn↙      (将 NV 改为 OV、UP 改为 DN)
```

修改后的情况为:

```
-r↙
AX=1200   BX=0000   CX=0000   DX=0000   SP=FFEE   BP=0000   SI=0000   DI=0000
DS=136C   ES=136C   SS=136C   CS=136C   IP=0100   OV DN EI PL NZ NA PO NC
136C:0100   3C3E          CMP        AL,3E
```

注意,修改各标志位的次序可以是任意的。

(8) 汇编命令 A (Assemble)。

格式: ① A [段寄存器名]:[偏移地址]

② A [段地址]:[偏移地址]

③ A [偏移地址]

④ A

功能:用该命令可以将汇编语言指令直接汇编输入内存,也就是说,在 DEBUG 状态下可以直接编写汇编语言程序。命令中可以指定第一条汇编语言指令起始的段地址和偏移地址,以后各条指令都紧接着前一条指令的地址存放。通过偏移地址还可以看到每条指令占内存单元多少个字节。其中格式①的段地址在指定的段寄存器中,因此在使用该命令时必须将段地址先送入段寄存器;格式③的段地址默认在 CS 中;格式④的段地址在 CS 中,偏移地址为 100H。

当键入 A 命令后,会显示段地址和偏移地址,等待用户键入汇编指令,每键入一条汇编指令并回车后,自动显示下一条指令的段地址和偏移地址,再键入下一条汇编指令,直到汇编语言程序全部输完,在又显示下一地址时可直接键入回车返回到提示符"-"。

例如,用汇编语言编写一个计算"3+5"的加法程序:

```
MOV   AL,33H     ;将 3 的 ASCII 码送入 AL 寄存器中
MOV   DL,35H     ;将 5 的 ASCII 码送入 DL 寄存器中
ADD   DL,AL      ;进行 3 加 5 运算,结果送 DL 寄存器
SUB   DL,30H     ;将 3+5 的结果进行调整,得到 5 的 ASCII 码,送 DL 寄存器
MOV   AH,2       ;输入功能号至 AH
INT   21H        ;功能调用,输出 DL 寄存器的字符至显示器
INT   20H        ;中断当前程序的执行
```

将编好的程序段通过 A 命令汇编入内存(假如用格式③):

```
C:\>debug↙
-a 100↙
136C:0100  mov al,33↙
136C:0102  mov dl,35↙
136C:0104  add dl,al↙
136C:0106  sub dl,30↙
136C:0109  mov ah,2↙
136C:010B  int 21↙
136C:010D  int 20↙
136C:010F↙
-
```

输入的程序段将直接汇编成机器码以二进制的形式依次存放在 136C:0100 ~ 136C:010E 的各单元中(从上面显示的地址提示中可以看出),这里段地址 136C 是当前 CS 段寄存器的值。可以用 D 命令看一下存放情况:

```
-d 100 10f↙
136C:0100  B0 33 B2 35 00 C2 80 EA-30 B4 02 CD 21 CD 20 2E   .3.5....0...!..
```

以上字节单元的内容便是这段程序的机器代码。

(9) 反汇编命令 U (Unassemble)。

格式: ① U ［起始地址］

② U ［地址范围］

③ U

功能:将指定范围内的机器指令代码转换成汇编语言的指令形式显示出来,同时还显示该代码位于内存的地址和机器码。

若命令中仅给出起始地址,就从起始地址开始;若未给出起始地址,就从上一个 U 命令的最后一条指令结束地址的下一个单元作为起始地址,一次反汇编显示 16 条指令;若前面没有输入过 U 命令,则以 0100H 作为起始地址开始反汇编。在上面命令格式①和②中,若在地址参数中没有给出段地址,则段地址均默认为 CS 的值。

如下命令格式均是正确的:

```
u 2100:0100 0180
u 1000 1050
u 2000:1000
u 3400
u
```

例如,对前面用 A 命令汇编好的程序进行反汇编,已知程序存放在 100H ~ 10EH 的区域内,段地址为当前 CS 的值:

```
-u 100 10e↙
136C:0100 B033      MOV     AL,33
136C:0102 B235      MOV     DL,35
136C:0104 00C2      ADD     DL,AL
136C:0106 80EA30    SUB     DL,30
136C:0109 B402      MOV     AH,02
136C:010B CD21      INT     21
136C:010D CD20      INT     20
```

在显示的每一行中,左边是一条指令的起始地址(段地址:偏移地址),接下来是这条指令的机器代码,右边就是这条指令的汇编语言形式。

(10) 运行程序命令 G (Go)。

格式: ① G

② G　[=起始地址]

③ G　[=起始地址][断点地址 1][断点地址 2]……

④ G　[断点地址 1][断点地址 2]……

功能: 从指定的起始地址或由当前 IP 寄存器的值作为起始地址开始运行程序,遇到程序中的中断指令或 G 命令中的断点地址时停止。

G 命令中的地址参数、起始地址一定要加" = "号,否则为断点地址。断点地址可以有多个。当 G 命令中未带起始地址时(如格式①和④),则从当前的 CS:IP 开始运行程序。

当指令运行到断点地址时,就停止执行并显示当前所有寄存器及标志位的内容,和下一条将要执行的指令;如没有断点地址,则运行到程序的结束或中断指令为止,并显示"Program terminated normally"(假若程序无错误),不显示寄存器内容。

例如,运行刚才汇编过的那条加法程序:

```
-g↙
8
Program terminated normally
-
```

(11) 跟踪与显示命令 T (Trace)。

格式: ① T　[=地址]或者 T　[地址]

② T　[=地址][条数]或者 T　[地址][条数]

功能: 格式①执行一条指定地址处的指令,停下来,显示该指令执行后 CPU 当前所有寄存器内容和全部标志位的状态,以及下一条指令的地址和内容。格式②为多条指令跟踪命令,从指定地址开始,若命令中用[地址]给出了起始地址,则从起始地址开始;若未给出,则从当前地址(CS:IP)开始，执行命令中的[条数]决定一共跟踪几条指令后返回 DEBUG 状态。

例如，调入前面举例的程序，假如该程序已经过汇编和连接，建立的可执行文件名为 exsam1.exe。先查看一下各寄存器的初始值，然后单步执行和显示所有寄存器内容和全部标志位的状态：

```
C:\>debug exsam1.exe↙
-r↙
AX=0000  BX=0000  CX=000F  DX=0000  SP=0000  BP=0000  SI=0000  DI=0000
DS=138E  ES=138E  SS=139E  CS=139E  IP=0100  NV UP EI PL NZ NA PO NC
139E:0100 B033          MOV     AL,33
-t↙

AX=0033  BX=0000  CX=000F  DX=0000  SP=0000  BP=0000  SI=0000  DI=0000
DS=138E  ES=138E  SS=139E  CS=139E  IP=0102  NV UP EI PL NZ NA PO NC
139E:0102 B235          MOV     DL,35
-t↙

AX=0033  BX=0000  CX=000F  DX=0035  SP=0000  BP=0000  SI=0000  DI=0000
DS=138E  ES=138E  SS=139E  CS=139E  IP=0104  NV UP EI PL NZ NA PO NC
139E:0104 02D0          ADD     DL,AL
-t↙

AX=0033  BX=0000  CX=000F  DX=0068  SP=0000  BP=0000  SI=0000  DI=0000
DS=138E  ES=138E  SS=139E  CS=139E  IP=0106  NV UP EI PL NZ NA PO NC
139E:0106 80EA30        SUB     DL,30
-t↙

AX=0033  BX=0000  CX=000F  DX=0038  SP=0000  BP=0000  SI=0000  DI=0000
DS=138E  ES=138E  SS=139E  CS=139E  IP=0109  NV UP EI PL NZ NA PO NC
139E:0109 B402          MOV     AH,02
-t↙

AX=0233  BX=0000  CX=000F  DX=0038  SP=0000  BP=0000  SI=0000  DI=0000
DS=138E  ES=138E  SS=139E  CS=139E  IP=010B  NV UP EI PL NZ NA PO NC
139E:010B CD21          INT     21
-
```

也可以用格式②来跟踪显示该程序的运行状况：

```
-r↙
AX=0000  BX=0000  CX=000F  DX=0000  SP=0000  BP=0000  SI=0000  DI=0000
DS=138E  ES=138E  SS=139E  CS=139E  IP=0100  NV UP EI PL NZ NA PO NC
139E:0100 B033          MOV     AL,33
-t 5↙
```

```
AX=0033  BX=0000  CX=000F  DX=0000  SP=0000  BP=0000  SI=0000  DI=0000
DS=138E  ES=138E  SS=139E  CS=139E  IP=0102  NV UP EI PL NZ NA PO NC
139E:0102 B235          MOV     DL,35

AX=0033  BX=0000  CX=000F  DX=0035  SP=0000  BP=0000  SI=0000  DI=0000
DS=138E  ES=138E  SS=139E  CS=139E  IP=0104  NV UP EI PL NZ NA PO NC
139E:0104 02D0          ADD     DL,AL

AX=0033  BX=0000  CX=000F  DX=0068  SP=0000  BP=0000  SI=0000  DI=0000
DS=138E  ES=138E  SS=139E  CS=139E  IP=0106  NV UP EI PL NZ NA PO NC
139E:0106 80EA30        SUB     DL,30

AX=0033  BX=0000  CX=000F  DX=0038  SP=0000  BP=0000  SI=0000  DI=0000
DS=138E  ES=138E  SS=139E  CS=139E  IP=0109  NV UP EI PL NZ NA PO NC
139E:0109 B402          MOV     AH,02

AX=0233  BX=0000  CX=000F  DX=0038  SP=0000  BP=0000  SI=0000  DI=0000
DS=138E  ES=138E  SS=139E  CS=139E  IP=010B  NV UP EI PL NZ NA PO NC
139E:010B CD21          INT     21
-
```

(12) 命名命令 N (Name)。

格式：N [驱动器号:][路径] 文件名.扩展名

功能：若在调用 DEBUG 时没有同时调入被调试的程序文件,此后要调入该文件,则需要用 N 命令将要调用的文件名格式化到 CS:5CH 的文件控制块中,才能用 L 命令(读盘命令)把它调入内存进行调试。

例如,用 N 命令命名,调入 exsam1.exe 文件:

```
C:\ >debug↙ (未键入文件名)
-n a:exsam1.exe↙
-l↙
```

(13) 读盘命令 L (Load)。

格式：① L [地址][驱动器号:][起始扇区号][读取扇区个数]

② L [地址]

③ L

功能：格式①把指定驱动器和指定扇区范围内的内容读到内存的指定区域中。其中地址是读入内存的起始地址,当输入命令时没有给定地址,则隐含地址为 CS:100H。起始扇区号指磁盘逻辑扇区号的起始位置。读取扇区个数是指从起始扇区号开始共读几个扇区的内容到内存中。驱动器号为 0 或 1,分别表示 A 盘和 B 盘。格式②读入已在 CS:5CH 中格式化的文件控制块所指定的文件。在使用该命令前必须先用 N 命令命名即将要读入的文件名以格式化到 CS:5CH 的文件控制块中,其中地址为内存地址。格式③同②,地址隐含在 CS:100H 中。

如果读入的文件有扩展名 COM 或 EXE,则始终装入 CS:100H 中,命令中指定了地址也没用。其中 BX 和 CX 中存放所读取文件的字节数。

例如,从 B 驱动器中读取以逻辑扇区号 10H 为起始扇区号的连续 5 个扇区的内容,存到内存 500:100H 开始的单元中去:

```
C:\ >debug↙
-l 5000:100 1 10 5↙
```

例如,将 A 驱动器中的 exsam1. exe 文件读入内存中,再进行反汇编,可以看到用 L 命令读入内存中的信息:

```
C:\ >debug↙
-n a:exsam1. exe↙
-l↙
 -u 100 10d↙
139C:0100 B033          MOV     AL,33
139C:0102 B235          MOV     DL,35
139C:0104 02D0          ADD     DL,AL
139C:0106 80EA30        SUB     DL,30
139C:0109 B402          MOV     AH,02
139C:010B CD21          INT     21
139C:010D CD20          INT     20
```

还可以用 R 命令来看各寄存器的内容:

```
-r↙
AX=0000  BX=0000  CX=000F  DX=0000  SP=0000  BP=0000  SI=0000  DI=0000
DS=138C  ES=138C  SS=139C  CS=139C  IP=0100  NV UP EI PL NZ NA PO NC
139C:0000 B033              MOV        AL,33
```

其中,CX 的值表示读入内存的内容共有 F 个字节,段地址为(CS) = 14DEH,偏移地址为(IP) = 100H。

(14) 写盘命令 W (Write)。

格式: ① W [地址][驱动器号][起始扇区号][所写扇区个数]

② W [地址]

③ W

功能:格式①把在 DEBUG 状态下调试的程序或数据写入指定的驱动器中,“起始扇区”号为要写入的目标磁盘的起始逻辑扇区号,“地址”为要写入的程序或数据在内存中的起始地址。格式②当键入不带参数的写盘命令或只键入地址参数的写盘命令时,写盘命令把文件写到当前盘上,该文件在用 W 命令之前需用命名命令 N 将文件格式化在 CS:5CH 的文件控制块中。格式③有 W 命令而没有任何参数时,必须与 N 命令配合使用进行写盘操作,起始地址默认为 100H。

在用 W 命令之前应在 BX 和 CX 寄存器中写入文件的长度值,BX 中存放长度的高位值,CX 中存放长度的低位值。

往指定扇区写盘的操作应十分小心,如有差错将会破坏盘上的所有内容。

例如,在 DEBUG 状态下汇编一个文件,并将这个文件存到当前盘上去。首先用 A 命令汇编程序：

```
-a↙
136C:0100  mov  al,33↙
136C:0102  mov  dl,35↙
136C:0104  add  dl,al↙
136C:0106  sub  dl,30↙
136C:0109  mov  ah,2↙
136C:010B  int  21↙
136C:010D  int  20↙
136C:010F↙
```

再用 N 命令命名，将该文件命名为 ex1 且格式化到 CS:5CH 的文件控制块中：

```
-n ex1↙
```

用 R 命令将文件长度（字节数）装入 CX：

```
-r cx↙
CX 0000
:000d↙
```

用 W 命令写入当前盘中：

```
-w↙
Writing 0000D bytes
```

(15) 输入命令 I（Input）。

格式：I [端口地址]

功能：从指定的端口输入并显示一个字节。

例如，从端口 34H 中输入一个字节数据并显示：

```
-i 34↙
FF
```

(16) 输出命令 O（Output）。

格式：O　[端口地址] [字节值]

功能：向指定的端口输出一个字节。

例如，将字节数据 80H 从 2A6 端口输出：

```
-o 2A6 80↙
```

(17) 十六进制运算命令 H（Hexarithmetic）。

格式：H 数据 1　数据 2

功能：直接进行两个十六进制数的加、减运算，并显示运算结果。在进行减法运算时，数据 1 为被减数据，数据 2 为减数。

例如，进行 28H 和 0BH 的加、减运算：

```
-h 28 b↙
0033 001D
```

结果表示两数的和是 33H，差是 1DH。

(18) 退出命令 Q（Quit）。

格式：Q

功能：结束 DEBUG，返回 DOS 状态。

注意 Q 命令不能把内存中的文件存盘，因此在键入 Q 命令之前应将需要保存的文件用 W 命令进行写盘。

三、利用DEBUG调试EXE文件

EXE 文件是一种可执行文件，文件的扩展名为 EXE，它可以在 DOS 或 Windows 系统下直接运行。用文本编辑器编写的汇编语言源程序必须经过汇编和连接才能产生可执行文件(*.exe)。

假设用文本编辑器 EDIT 编写的源程序文件名为 exsam1.asm，经汇编程序 MASM 汇编后产生的目标文件为 exsam1.obj，再经连接程序 LINK 连接后产生的可执行文件为 exsam1.exe。此时，就可以用 DEBUG 对 exsam1.exe 进行调试：

```
C:\ >debug exsam1.exe ↙
-
```

在启动 DEBUG 的同时，exsam1.exe 程序已被调入内存，接着，可以用各种 DEBUG 命令对该程序进行调试。通常可运行以下 DEBUG 命令：

(1) 用反汇编命令 U 查看程序是否已进入内存。

(2) 用寄存器命令 R 调看各寄存器的值。

(3) 用 T 命令跟踪程序的执行过程和各条指令执行后寄存器和标志位的状态。

(4) 在 DEBUG 下用 G 命令全速运行程序，观察运行结果。

(5) 需要时，还可用其他的 DEBUG 命令进行辅助。

如果在调试过程中发现程序有错或程序设计不合理，则必须回到 EDIT 编辑状态对源程序进行编辑和修改，然后重新汇编和连接，产生新的 EXE 文件，再用 DEBUG 进行调试，直到满意为止。

附录二　8086/8088 汇编程序出错信息

附表 2-1　8086/8088 汇编程序出错信息表

错误编码	信　息	说　明
0	Block nesting error	嵌套过程、段、结构、宏指令、IRP、IRPC 或 REPT 不是正确结束。如嵌套的外层已终止，而内层还是打开状态。
1	Extra characters on line	当一行上已接受了定义指令的足够信息，而又出现了多余的字符。
2	Register already defined	汇编内部出现逻辑错误。
3	Unknown symbol type	在符号语句的类型字段中，有些不能识别的东西。
4	Redefinition of symbol	在汇编第一遍扫视时，在第二个位置上发现重复定义一个符号。
5	Symbol is multi-defined	如果同一标识符在两个位置上定义，那么在汇编第二次扫视时每遇到该标识符定义的位置都将显示该错误。
6	Phase error between passes	程序中有模棱两可的指令，以至于在汇编程序的两次扫视中，程序标号的位置在数值上改变了。
7	Already had ELSE clause	在 ELSE 从句中试图再定义 ELSE 从句。
8	Not in conditional block	在没有提供条件汇编指令的情况下，指定了 ENDIF 或 ELSE。
9	Symbol not defined	符号没有定义。
10	Syntax error	语句的语法与任何可识别的语法不匹配。
11	Type illegal in context	指定的类型在长度上不可接受。
12	Should have been group name	给出的组合不符合要求，在应该有 group 名的地方给出了其他字符。
13	Must be declared in pass 1	得到的不是汇编程序所要求的常数值。例如，向前引用的向量长度。
14	Symbol type usage illegal	PUBLIC 伪指令语句中符号的使用不合法。
15	Symbol already different kind	企图定义与以前定义不同的符号。
16	Symbol is reserved word	企图非法使用一个汇编程序的保留字。例如，试图将 MOV 定义为一个变量。
17	Forward reference is illegal	向前引用必须是在第一遍扫视中定义过的。

续表

错误编码	信　息	说　明
18	Must be register	希望寄存器作为操作数,但用户提供的是符号而不是寄存器。
19	Wrong type of register	指定的寄存器类型并不是指令中或伪操作中所要求的。如 ASSUME AX。
20	Must be segment or group	必须给出段或组的位置上给出的不是段或组。
21	Symbol has no segment	想使用带有段属性的变量,而这个变量不能识别段。
22	Must be symbol type	必须是 WORD、DW、QW、BYTE 等类型指示,但没有给出。
23	Already defined locally	试图在一个 EXTRN 语句中把某个标识符定义为外部的标识符,但这个标识符已经在局部定义过了。
24	Segment parameters are changed	SEGMENT 的自变量表被改变。
25	Not proper align/combine type	SEGMENT 参数不正确。
26	Reference to mult defined	指令引用的内容是重复定义的标识符。
27	Operand was expected	汇编程序需要的是操作数,但得到的却是其他内容。
28	Operator was expected	汇编程序需要的是操作符,但得到的却是其他内容。
29	Division by 0 or overflow	除数为 0 或产生了溢出。
30	Shift count is negative	移位表达式产生的移位计数值为负数。
31	Operand type must match	操作数类型不匹配。
32	Illegal use of external	用非法手段使用外部定义的标识符。
33	Must be record field name	需要的是记录字段名,但得到的却是其他东西。
34	Must be record or field name	需要的是记录名或字段名,但得到的却是其他东西。
35	Operand must have size	需要有操作数的长度,但没有给出。
36	Must be var,label or constant	需要的是变量、标号或常数,但得到的却是其他内容。
37	Must be structure field name	需要的是结构字段名,但得到的却是其他内容。
38	Left operand must have segment	左操作数必须有一个段。例如,“:”。
39	One operand must be const	+(加)操作符组成的表达式中,必须有一个操作数为常数(整数)。
40	Operand must be same or 1 abs	-(减)操作符组成表达式非法。
41	Normal type operand expected	当需要变量、标号时,得到的却是 STRUCT、FIELDS、NAMES、BYTE、WORD 或 DW。
42	Constant was expected	应该是常量的位置上却是另外的内容。
43	Operand must have segment	SEG 伪操作使用不合法。
44	Must be associated with data	应该是数据段有关项的位置上却出现了与代码段有关的项。

续表

错误编码	信　息	说　明
45	Must be associated with code	应该是代码段有关项的位置上却出现了与数据段有关的项。
46	Already have base register	在一个操作数中，出现了多个基址寄存器，例如，[BX + BP]。
47	Already have index register	在一个操作数中，出现了多个变址寄存器，例如，[SI + DI]。
48	Must be index or base register	指令需要基址或变址寄存器，而指定的是其他寄存器，例如，MOV AX，[BX + AX]。
49	Illegal use of register	在指令中使用了 8088 指令中没有的寄存器。
50	Value is out of range	数值超出使用范围，例如将 DW 传送到寄存器中。
51	Operand not in IP segment	由于操作数不在 IP 所在的当前段中，因此不能存取。
52	Improper operand type	使用的操作数不合适，不能汇编出操作码。
53	Relative jump out of range	指定的转移超出了允许的范围（ -128 ~ +127 字节）。
54	Index displ ,must be constant	试图使用脱离变址寄存器的变量位移量，位移量必须是常数。
55	Illegal register value	给出的代表寄存器的代码与目的码中的"reg"域的可能值不符合（不能大于 7）。
56	No immediate mode	不允许操作数是立即数的指令中却出现了立即数。例如，MOV DS，DATA
57	Illegal size for item	引用的项的长度是非法的，例如，双字移位。
58	Byte register is illegal	在某些指令中使用 8 位寄存器是非法的。例如，PUSH AL。
59	CS register illegal usage	试图非法使用 CS 寄存器，例如，XCHG CS，AX。
60	Must be AX or AL	某些指令只能用 AX 或 AL，例如，IN 指令。
61	Improper use of segment reg	段寄存器使用不合法。例如，将立即数送段寄存器。
62	No or unreachable CS	试图转移到不可到达的标号。
63	Operand combination illegal	双操作数指令中，两个操作数的组合不合法。
64	Near JMP/CALL to different CS	企图在不同的代码段内执行 NEAR 转移或调用。
65	Label can't have seg override	非法使用段前缀。
66	Must have opcode after prefix	在使用 REP、REPE、REPNE 等前缀之后，没有正确的操作数部分。
67	Can't override ES segment	企图非法地在一条指令中取代 ES 寄存器，如存储串。
68	Can't reach with segment reg	没有可使变量访问的 ASSUME 语句。
69	Must be in segment block	指令语句没有设置在段内。
70	Can't use EVEN on BYTE segment	被提出的是一个字节段，但试图使用 EVEN。

续表

错误编码	信　息	说　　明
71	Forward needs override	目前不使用这个信息。
72	Illegal value for DUP count	DUP 计数必须是常数,不能是 0 或负数。
73	Symbol already external	企图定义一个局部符号,但此符号已经是外部符号了。
74	DUP is too large for linker	DUP 的嵌套太长,以至于从连接程序不能得到所要的记录。
75	Usage of? (indeterminate) bad	"?"使用不合适,例如,　? +5。
76	More values than defined with	用 REC 或 STRUC 定义变量时给出的初始值太多。
77	Only initialize list legal	企图利用 STRUC 名但无角括号(〈〉)。
78	Directive illegal in STRUC	在 STRUC 块内的所有语句只允许两种,前面加分号(;)的注释语句和 DB、DW 等数据定义语句。
79	Override with DUP is illegal	在 STRUC 初始化语句中,企图在取代中用 DUP。
80	Field cannot be overridden	在 STRUC 初始化语句中,企图对一个不允许取代的域(field)设定一个值。
81	Override is of wrong type	在 STRUC 初始化语句中,企图利用一个不同类型属性的值去取代域中的值。例如,在 DW 域中用字符串。
82	Register can't be farward ref	企图向前参照一个段。
83	Circular chain of EQU aliases	一个形式虽然变化了的 EQU 语句,但最后又指向本身。
84	8087 opcode can not be emulated	仿真程序(emulator)不支持所用的 8087 操作码或操作数形式的指令。
85	End of file, no END directive	忘记了 END 语句或嵌套出错。
86	Data emitted with no segment	数据定义语句或指令语句不在段内。

附录三　DOS 系统功能调用

附表 3-1　DOS 系统功能调用表

AH	功　能	调用参数	返回参数
00	程序终止(同 INT 20H)	CS = 程序段前缀	—
01	键盘输入并回显	—	AL = 输入字符
02	显示输出	DL = 输出数据	—
03	异步通讯输入	—	AL = 输入数据
04	异步通讯输出	DL = 输出数据	—
05	打印机输出	DL = 输出字符	—
06	直接控制台 I/O	DL = FF(输入)	AL = 输入字符
07	键盘输入(无回显)	—	AL = 输入字符
08	键盘输入(无回显) 检测 Ctrl + Break	—	AL = 输入字符
09	显示字符串	DS:DX = 串地址 '$'结束字符串	—
0A	键盘输入到缓冲区	DS:DX = 缓冲区首地址 (DS:DX) = 缓冲区最大字符数	(DS:DX + 1) = 实际输入的字符数
0B	检验键盘状态	—	AL = 00 有输入 AL = FF 无输入
0C	清除输入缓冲区并请求指定的输入功能	AL = 输入功能号 (1,6,7,8,A)	—
0D	键盘复位	—	清除文件缓冲区
0E	指定当前缺省的磁盘驱动器	DL = 驱动器号 0 = A,1 = B,…	AL = 驱动器数
0F	打开文件	DS:DX = FCB 首地址	AL = 00 文件找到 AL = FF 文件未找到
10	关闭文件	DS:DX = FCB 首地址	AL = 00 目录修改成功 AL = FF 目录中未找到文件
11	查找第一个目录项	DS:DX = FCB 首地址	AL = 00 找到 AL = FF 未找到

续表

AH	功　　能	调用参数	返回参数
12	查找下一个目录项	DS:DX = FCB 首地址 (文件中带 * 或?)	AL = 00 找到 AL = FF 未找到
13	删除文件	DS:DX = FCB 首地址	AL = 00 删除成功 AL = FF 未找到
14	顺序读	DS:DX = FCB 首地址	AL = 00 读成功 AL = 01 文件结束,记录中无数据 AL = 02 DTA 空间不够 AL = 03 文件结束,记录不完整
15	顺序写	DS:DX = FCB 首地址	AL = 00 写成功 AL = 01 盘满 AL = 02 DTA 空间不满
16	建文件	DS:DX = FCB 首地址	AL = 00 建立成功 AL = FF 无磁盘空间
17	文件改名	DS:DX = FCB 首地址 (DS:DX + 1) = 旧文件名 (DS:DX + 17) = 新文件名	AL = 00 成功 AL = FF 未成功
19	取当前缺省磁盘驱动器	—	AL = 缺省的磁盘驱动器号 0 = A,1 = B,2 = C,…
1A	置 DTA 地址	DS:DX = DTA 地址	—
1B	取缺省驱动器 FAT 信息		AL = 每簇的扇区数 DS:BX = FTA 标识字节 CX = 物理扇区的大小 DX = 缺省驱动器的簇数
1C	取任一驱动器的 FAT 信息	DL = 驱动器号	同上
21	随机读	DS:DX = FCB 首地址	AL = 00 读成功 AL = 01 文件结束 AL = 02 缓冲区溢出 AL = 03 缓冲区不满
22	随机写	DS:DX = FCB 首地址	AL = 00 写成功 AL = 01 盘满 AL = 02 缓冲区溢出
23	测定文件大小	DS:DX = FCB 首地址	AL = 00 成功,文件长度填入 FCB AL = FF 未找到
24	设置随机记录号	DS:DX = FCB 首地址	—
25	设置中断向量	DS:DX = 中断向量 AL = 中断类型号	—
26	建立程序段前缀	DX = 新程序段的段前缀	—

续表

AH	功　能	调 用 参 数	返 回 参 数
27	随机分块读	DS:DX = FCB 首地址 CX = 记录数	AL = 00 读成功 AL = 01 文件结束 AL = 02 缓冲区太小,传输结束 AL = 03 缓冲区不满 CX = 读取的记录数
28	随机分块写	DS:DX = FCB 首地址 CX = 记录数	AL = 00 写成功 AL = 01 盘满 AL = 02 缓冲区溢出
29	分析文件名	ES:DI = FCB 首地址 DS:SI = ASCII Z 串 AL = 控制分析标志	AL = 00 标准文件 AL = 01 多义文件 AL = FF 非法盘符
2A	取日期	—	CX = 年 DH:DL = 月:日(二进制)
2B	设置日期	CX:DH:DL = 年:月:日	AL = 00 成功 AL = FF 无效
2C	取时间	—	CH:CL = 时:分 DH:DL = 秒:1/100 秒
2D	设置时间	CH:CL = 时:分 DH:DL = 秒:1/100 秒	AL = 00 成功 AL = FF 无效
2E	置磁盘自动读写标志	AL = 00 关闭标志 AL = 01 打开标志	—
2F	取磁盘缓冲区首址	—	ES:BX = 缓冲区首址
30	取 DOS 版本号	—	AH = 发行号,AL = 版号
31	结束并驻留	AL = 返回码 DX = 驻留区大小	—
33	Ctrl + Break 检测	AL = 00 取状态 AL = 01 置状态(DL) DL = 00 关闭检测 DL = 01 打开检测	DL = 00　关闭 Ctrl + Break 检测 DL = 01　打开 Ctrl + Break 检测
35	取中断向量	AL = 中断类型	ES:BX = 中断向量
36	取空闲磁盘空间	DL = 驱动器号 0 = 缺省,1 = A,2 = B,…	成功: AX = 每簇扇区数 BX = 有效簇数 CX = 每扇区字节数 DX = 总簇数 失败: AX = FFFF
38	置/取国家信息	DS:DX = 信息区首地址	BX = 国家码(国际电话前缀码) AX = 错误码

续表

AH	功　能	调 用 参 数	返 回 参 数
39	建立子目录(MKDIR)	DS:DX = ASCII Z 串地址	AX = 错误码
3A	删除子目录(RMDIR)	DS:DX = ASCII Z 串地址	AX = 错误码
3B	改变当前目录(CHDIR)	DS:DX = ASCII Z 串地址	AX = 错误码
3C	建立文件	DS:DX = ASCII Z 串地址 CX = 文件属性	成功: AX = 文件代号 失败: AX = 错误码
3D	打开文件	DS: DX = ASCII Z 串地址 AL = 0 读,AL = 1 写 AL = 2 读/写	成功: AX = 文件代号 失败: 错误码
3E	关闭文件	BX = 文件号	失败: AX = 错误码
3F	读文件或设备	DS:DX = 数据缓冲区地址 BX = 文件代号 CX = 读取的字节数	读成功: AX = 实际读取的字节数 AX = 0 已到文件尾 读出错: AX = 错误码
40	写文件或设备	DS:DX = 数据缓冲区地址 BX = 文件代号 CX = 写入的字节数	写成功:AX = 实际写入的字节数 写出错:AX = 错误码
41	删除文件	DS:DX = ASCII Z 串地址	成功:AX = 0 出错:AX = 错误码(2,5)
42	移动文件指针	BX = 文件代号 CX:DX = 位移量 AL = 移动方式(0,1,2)	成功:DX:AX = 新指针位置 出错:AX = 错误码
43	置/取文件属性	DS:DX = ASCII Z 串地址 AL = 0 取文件属性 AL = 1 置文件属性 CX = 文件属性	成功:CX = 文件属性 失败:AX = 错误码
44	设备文件 I/O 控制	BX = 文件代号 AL = 0 取状态 AL = 1 置状态 DX AL = 2 读数据 AL = 3 写数据 AL = 6 取输入状态 AL = 7 取输出状态	DX = 设备信息
45	复制文件代号	BX = 文件代号 1	成功:AX = 文件代号 2 失败:AX = 错误码
46	人工复制文件代号	BX = 文件代号 1 CX = 文件代号 2	失败:AX = 错误码

续表

AH	功 能	调用参数	返回参数
47	取当前目录路径名	DL = 驱动器号 DS:SI = ASCII Z 串地址	(DS:SI) = ASCII Z 串 失败:AX = 错误码
48	分配内存空间	BX = 申请内存容量	成功:AX = 分配内存首址 失败:BX = 最大可用空间
49	释放内存空间	ES = 内存起始段地址	失败:AX = 错误码
4A	调整已分配的存储块	ES = 原内存起始地址 BX = 再申请的容量	失败: BX = 最大可用空间 AX = 错误码
4B	装配/执行程序	DS:DX = ASCII Z 串地址 ES:BX = 参数区首地址 AL = 0 装入执行 AL = 3 装入不执行	失败:AX = 错误码
4C	带返回码结束	AL = 返回码	—
4D	取返回代码	—	AX = 返回代码
4E	查找第一个匹配文件	DS:DX = ASCII Z 串地址 CX = 属性	AX = 出错代码(02,18)
4F	查找下一个匹配文件	DS:DX = ASCII Z 串地址 (文件名中带? 或 *)	AX = 出错代码(18)
54	取盘自动读写标志	—	AL = 当前标志值
56	文件改名	DS:DX = ASCII Z 串(旧) ES:DI = ASCII Z 串(新)	AX = 出错码(03,05,17)
57	置/取文件日期和时间	BX = 文件代号 AL = 0 读取 AL = 1 设置(DX:CX)	DX:CX = 日期和时间 失败:AX = 错误码
58	取/置分配策略码	AL = 0 取码 AL = 1 置码(BX) BX = 策略码	成功:AX = 策略码 失败:AX = 错误码
59	取扩充错误码	—	AX = 扩充错误码 BH = 错误类型 BL = 建议的操作 CH = 错误场所
5A	建立临时文件	CX = 文件属性 DS:DX = ASCII Z 串地址	成功:AX = 文件代号 失败:AX = 错误码
5B	建立新文件	CX = 文件属性 DS:DX = ASCII Z 串地址	成功:AX = 文件代号 失败:AX = 错误码

续表

AH	功　能	调用参数	返回参数
5C	控制文件存取	AL =00 封锁 AL =01 开启 BX = 文件代号 CX:DX = 文件位移 SI:DI = 文件长度	失败:AX = 错误码
62	取程序段前缀地址	—	BX = PSP 地址

注：AH =0 ~2E 适合 DOS 1.0 以上版本;AH =2F ~57 适合 DOS 2.0 以上版本;AH =58 ~62 适合 DOS 3.0 以上版本。

附录四　8086/8088 指令表

8086/8088 指令系统常用符号说明：

acc	累加器 AX 或 AL
count	计数，如循环次数、移位次数等
Disp	位移量，如 D8 表示 8 位位移量，D16 表示 16 位位移量
dst	目的操作数
EA	有效地址
exp	表达式
data	立即数
mem	存储器，如 mem8 表示 8 位存储单元，mem16 表示 16 位存储单元
PSW	状态(标志)寄存器
opr	操作数
port	端口地址
reg	通用寄存器，如 reg8 表示 8 位通用寄存器，reg16 表示 16 位通用寄存器
segreg	段寄存器(CD、DS、SS、ES)
src	源操作数
(X)	X 单元中的内容
((X))	由 X 寻址的单元中的内容

一、传送类指令

附表 4-1　传送类指令表

指令类型	指令格式	指令功能	操作数 dst, src	标志位 O	D	I	T	S	Z	A	P	C	时钟周期数	字节数
通用数据传送	MOV dst,src	(dst)←(src)	mem, acc	–	–	–	–	–	–	–	–	–	10	3
			acc, mem										10	3
			reg, reg										2	2
			reg, mem										8 + EA	2 ~ 4
			mem, reg										9 + EA	2 ~ 4
			reg, data										4	2 ~ 3
			mem, data										10 + EA	3 ~ 6
			segreg, reg										2	2
			segreg, mem										8 + EA	2 ~ 4
			reg, segreg										2	2
			mem, segreg										9 + EA	2 ~ 4
	PUSH src	(sp)←(sp) −2	reg	–	–	–	–	–	–	–	–	–	11	1
		((sp) +1,(sp))←(src)	segreg										10	1
			mem										16 + EA	2 ~ 4
	POP dst	(dst)←((sp) +1,(sp))	reg	–	–	–	–	–	–	–	–	–	8	1
		(sp)←(sp) +2	segreg										8	1
			men										17 + EA	2 ~ 4
	XCHG opr1,opr2	(opr1)⟷(opr2)	reg,acc	–	–	–	–	–	–	–	–	–	3	1
			reg,mem										17 + EA	2 ~ 4
			reg,reg										4	2
	XLAT	(AL)←((BS):(AL))		–	–	–	–	–	–	–	–	–	11	1
I/O 数据传送	IN acc,port	(acc)←(port)	acc, port	–	–	–	–	–	–	–	–	–	10	2
		(acc)←((DX))											8	1
	OUT port,acc	(port)←(acc)	port,acc	–	–	–	–	–	–	–	–	–	10	2
		(acc)←((DX))											8	1

续表

指令类型	指令格式	指令功能	操作数 dst, src	O	D	I	T	S	Z	A	P	C	时钟周期数	字节数
目标地址传送	LEA reg,src	(reg)←src	reg, mem	–	–	–	–	–	–	–	–	–	2 + EA	2 ~ 4
	LDS reg,src	(reg)←(src) (DS)←(src + 2)	reg, mem	–	–	–	–	–	–	–	–	–	16 + EA	2 ~ 4
	LES reg,src	(reg)←(src) (ES)←(src + 2)	reg, mem	–	–	–	–	–	–	–	–	–	16 + EA	2 ~ 4
标志位传送	LAHF	(AH)←(PSW 低字节)		–	–	–	–	–	–	–	–	–	4	1
	SAHF	(PSW 低字节)←(AH)		–	–	–	–	r	r	r	r	r	4	1
	PUSHF	(sp)←(sp) - 2 ((sp) + 1,(sp))←(PSW)		–	–	–	–	–	–	–	–	–	10	1
	POPF	(PSW)←((sp) + 1,(sp)) (sp)←(sp) + 2		r	r	r	r	r	r	r	r	r	8	1

二、算术运算类指令

附表 4-2 算术运算类指令表

指令类型	指令格式	指令功能	操作数 dst, src	O	D	I	T	S	Z	A	P	C	时钟周期数	字节数
加法	ADD dst,src	(dst)←(dst) + (src)	reg,reg	·	–	–	–	·	·	·	·	·	3	2
			reg, mem										9 + EA	2 ~ 4
			mem, reg										16 + EA	2 ~ 4
			reg, data										4	3 ~ 4
			mem, data										17 + EA	3 ~ 6
			acc, data										4	2 ~ 3
	ADC dst,src	(dst)←(dst) + (src) + CF	reg, reg	·	–	–	–	·	·	·	·	·	3	2
			reg, mem										9 + EA	2 ~ 4
			mem, reg										16 + EA	2 ~ 4
			reg, data										4	3 ~ 4

续表

指令类型	指令格式	指令功能	操作数 dst, src	标志位 O	D	I	T	S	Z	A	P	C	时钟周期数	字节数
加			mem, data										17 + EA	3 ~ 6
			acc, data										4	2 ~ 3
法	INC dst	(dst)←(dst) + 1	reg	·	–	–	–	·	·	·	·	–	2 ~ 3	1 ~ 2
			mem										15 + EA	2 ~ 4
	SUB dst, src	(dst)←(dst) – (src)	reg, reg	·	–	–	–	·	·	·	·	·	3	2
			reg, mem										9 + EA	2 ~ 4
			mem, reg										16 + EA	2 ~ 4
			reg, data										4	3 ~ 4
			mem, data										17 + EA	3 ~ 6
			acc, data										4	2 ~ 3
	SBB dst, src	(dst)←(dst) – (src) – CF	reg, reg	·	–	–	–	·	·	·	·	·	3	3
			reg, mem										9 + EA	2 ~ 4
减			mem, reg										16 + EA	2 ~ 4
			reg, data										4	3 ~ 4
			mem, data										17 + EA	3 ~ 6
			acc, data										4	2 ~ 3
	DEC dst	(dst)←(dst) – 1	reg	·	–	–	–	·	·	·	·	–	2 ~ 3	1 ~ 2
法			mem										15 + EA	2 ~ 4
	NEG dst	(dst)← – (dst)	reg	·	–	–	–	·	·	·	·	·	3	2
			mem										16 + EA	2 ~ 4
	CMP opr1, opr2	(opr1) – (opr2)	reg, reg	·	–	–	–	·	·	·	·	·	3	2
			reg, mem										9 + EA	2 ~ 4
			mem, reg										9 + EA	2 ~ 4
			reg, data										4	3 ~ 4
			mem, data										10 + EA	3 ~ 6
			acc, data										4	2 ~ 3

续表

指令类型	指令格式	指令功能	操作数 dst, src	标志位 O	D	I	T	S	Z	A	P	C	时钟周期数	字节数
乘	MUL src	(AX)←(AL) * (src)	8 位 reg	·	–	–	–	*	*	*	*	·	70 ~ 77	2
			8 位 mem										(76 ~ 83) + EA	2 ~ 4
		(DX,AX)←(AX) * (src)	16 位 reg										118 ~ 133	2
			16 位 mem										(124 ~ 139) + EA	2 ~ 4
法	IMUL	(AX)←(AL) * (src)	8 位 reg	·	–	–	–	*	*	*	*	·	80 ~ 98	2
			8 位 mem										(86 ~ 104) + EA	2 ~ 4
		(DX,AX)←(AX) * (src)	16 位 reg										128 ~ 54	2
			16 位 mem										(134 ~ 160) + EA	2 ~ 4
除	DIV src	(AL)←(AX)/(src)的商	8 位 reg	*	–	–	–	*	*	*	*	*	80 ~ 90	2
		(AH)←(AX)/(src)的余数	8 位 mem										(86 ~ 96) + EA	2 ~ 4
		(AX)←(DX,AX)/(src)的商	16 位 reg										144 ~ 162	2
		(DX)←(DX,AX)/(src)的余数	16 位 mem										(150 ~ 168) + EA	2 ~ 4
	IDIV	(AL)←(AX)/(src)的商	8 位 reg	*	–	–	–	*	*	*	*	*	101 ~ 112	2
法		(AH)←(AX)/(src)的余数	8 位 mem										(107 ~ 118) + EA	2 ~ 4
		(AX)←(DX,AX)/(src)的商	16 位 reg										165 ~ 184	2
		(DX)←(DX,AX)/(src)的余数	16 位 mem										(171 ~ 190) + EA	2 ~ 4
	CBW	(AL)符号扩展到(AH)		·	–	–	–	·	·	·	·	·	2	1
	CWD	(AX)符号扩展到(DX)		·	–	–	–	·	·	·	·	·	5	1
十进制调整	DAA	(AL)←把 AL 中的和调整到压缩 BCD 格式		*	–	–	–	·	·	·	·	·	4	1
	DAS	(AL)←把 AL 中的差调整到压缩 BCD 格式		*	–	–	–	·	·	·	·	·	4	1
	AAA	(AL)←把 AL 中的和调整到非压缩 BCD 格式 (AH)←(AH) + 调整产生的进位值		*	–	–	–	*	*	·	*	·	4	1

续表

指令类型	指令格式	指令功能	操作数 dst, src	标志位 O	D	I	T	S	Z	A	P	C	时钟周期数	字节数
十进制调整	AAS	(AL)←把 AL 中的差调整到非压缩 BCD 格式 (AH)←(AH) - 调整产生的借位值		*	–	–	–	*	*	·	*	*	4	1
	AAM	(AX)←把 AH 中的积调整到非压缩 BCD 格式		*	–	–	–	·	·	*	·	*	83	2
	AAD	(AL)←10 * (AH) + (AL) (AH)←0 除法非压缩 BCD 调整		*	–	–	–	·	·	*	·	*	60	2

三、逻辑运算和移位类指令

附表 4-3　逻辑运算和移位指令表

指令类型	指令格式	指令功能	操作数 dst, src	标志位 O	D	I	T	S	Z	A	P	C	时钟周期数	字节数
逻辑运算	AND dst,src	(dst)←(dst) ∧ (src)	reg,reg	0	–	–	–	·	·	*	·	0	3	2
			reg,mem										9 + EA	2 ~ 4
			mem,reg										16 + EA	2 ~ 4
			reg,data										4	3 ~ 4
			mem,data										17 + EA	3 ~ 6
			acc,data										4	2 ~ 3
	OR dst,src	(dst)←(dst) ∨ (src)	reg,reg	0	–	–	–	·	·	*	·	0	3	2
			reg,mem										9 + EA	2 ~ 4
			mem,reg										16 + EA	2 ~ 4
			reg,data										4	3 ~ 4
			mem,data										17 + EA	3 ~ 6

续表

指令类型	指令格式	指令功能	操作数 dst, src	标志位 O	D	I	T	S	Z	A	P	C	时钟周期数	字节数
逻辑运算			acc, data										4	2 ~ 3
	NOT dst	(dst)←($\overline{\text{dst}}$)	reg	–	–	–	–	–	–	–	–	–	3	2
			mem										16 + EA	2 ~ 4
	XOR dst, src	(dst)←(dst)⊕(src)	reg, reg	0	–	–	–	·	·	*	·	0	3	2
			reg, mem										9 + EA	2 ~ 4
			mem, reg										16 + EA	2 ~ 4
			reg, data										4	3 ~ 4
			mem, data										17 + EA	3 ~ 6
			acc, data										4	2 ~ 3
	TEST opr1, opr2	(opr1) ∧ (opr2)	reg, reg	0	–	–	–	·	·	*	·	0	3	2
			reg, mem										9 + EA	2 ~ 4
			reg, data										5	3 ~ 4
			mem, data										11 + EA	3 ~ 6
			acc, data										4	2 ~ 3
移位	SHL dst, 1	逻辑左移 1 位	reg	·	–	–	–	·	·	*	·	·	2	2
			mem										15 + EA	2 ~ 4
	SHL dst, CL	逻辑左移(CL)位	reg	·	–	–	–	·	·	*	·	·	8 + 4/位	2
			mem										20 + EA + 4/位	2 ~ 4
	SAL, dst, 1	算术左移 1 位	reg	·	–	–	–	·	·	*	·	·	2	2
			mem										15 + EA	2 ~ 4
	SAL dst, CL	算术左移(CL)位	reg	·	–	–	–	·	·	*	·	·	8 + 4/位	2
			mem										20 + EA + 4/位	2 ~ 4
	SHR dst, 1	逻辑右移 1 位	reg	·	–	–	–	·	·	*	·	·	2	2
			mem										15 + EA	2 ~ 4
	SHR dst, CL	逻辑右移(CL)位	reg	·	–	–	–	·	·	*	·	·	8 + 4/位	2
			mem										20 + EA + 4/位	2 ~ 4

续表

指令类型	指令格式	指令功能	操作数 dst, src	标志位 O	D	I	T	S	Z	A	P	C	时钟周期数	字节数
移位	SAR dst, 1	算术右移1位	reg	·	—	—	—	·	·	*	·	·	2	2
			mem										15 + EA	2 ~ 4
	SAR dst, CL	算术右移(CL)位	reg	·	—	—	—	·	·	*	·	·	8 +4/位	2
			mem										20 + EA +4/位	2 ~ 4
循环移位	ROL dst, 1	循环左移1位	reg	·	—	—	—	—	—	—	—	·	2	2
			mem										15 + EA	2 ~ 4
	ROL dst, CL	循环左移(CL)位	reg	·	—	—	—	—	—	—	—	·	8 +4 位	2
			mem										20 + EA +4/位	2 ~ 4
	ROR dst, 1	循环右移1位	reg	·	—	—	—	—	—	—	—	·	2	2
			mem										15 + EA	2 ~ 4
	ROR dst, CL	循环右移(CL)位	reg	·	—	—	—	—	—	—	—	·	8 +4/位	2
			mem										20 + EA +4/位	2 ~ 4
	RCL dst, 1	带进位循环左移1位	reg	·	—	—	—	—	—	—	—	·	2	2
			mem										15 + EA	2 ~ 4
	RCL dst, CL	带进位循环左移(CL)位	reg	·	—	—	—	—	—	—	—	·	8 +4/位	2
			mem										20 + EA +4/位	2 ~ 4
	RCR dst, 1	带进位循环右移1位	reg	·	—	—	—	—	—	—	—	·	2	2
			mem										15 + EA	2 ~ 4
	RCR dst, CL	带进位循环右移(CL)位	reg	·	—	—	—	—	—	—	—	·	8 +4/位	2
			mem										20 + EA +4/位	2 ~ 4

四、串操作类指令

附表 4-4 串操作类指令表

指令类型	指令格式	指令功能	操作数 dst, src	标志位 O	D	I	T	S	Z	A	P	C	时钟周期数	字节数
基本字符串操作	MOVSB	((DI))←((SI))字节 (SI)←(SI) ±1 (DI)←(DI) ±1		–	–	–	–	–	–	–	–	–	不重复 18 重复 9 +17/rep	1
	MOVSW	((DI))←((SI))字 (SI)←(SI) ±2 (DI)←(DI) ±2		–	–	–	–	–	–	–	–	–	不重复 26 重复 9 +25/rep	1
	STOSB	((DI))←(AL)字节 (DI)←(DI) ±1		–	–	–	–	–	–	–	–	–	不重复 11 重复 9 +10/rep	1
	STOSW	((DI))←(AX)字 (DI)←(DI) ±2		–	–	–	–	–	–	–	–	–	不重复 15 重复 9 +14/rep	1
	LODSB	(AL)←((SI))字节 (SI)←(SI) ±1		–	–	–	–	–	–	–	–	–	不重复 12 重复 9 +13/rep	1
	LODSW	(AX)←((SI))字 (SI)←(SI) ±2		–	–	–	–	–	–	–	–	–	不重复 16 重复 9 +17/rep	1
	CMPSB	((DI)) - ((SI))字节 (SI)←(SI) ±1 (DI)←(DI) ±1		·	–	–	–	·	·	·	·	·	不重复 22 重复 9 +22/rep	1
	CMPSW	((DI)) - ((SI))字 (SI)←(SI) ±2 (DI)←(DI) ±2		·	–	–	–	·	·	·	·	·	不重复 30 重复 9 +30/rep	1
	SCASB	(AL) - ((DI))字节 (DI)←(DI) ±1		·	–	–	–	·	·	·	·	·	不重复 15 重复 9 +15/rep	1
	SCASW	(AX) - ((DI))字 (DI)←(DI) ±2		·	–	–	–	·	·	·	·	·	不重复 19 重复 9 +19/rep	1

续表

指令类型	指令格式	指令功能	操作数 dst, src	标志位 O	D	I	T	S	Z	A	P	C	时钟周期数	字节数
重复前缀	REP string primitive	当(CX) = 0,退出重复;否则(CX)←(CX) - 1,执行其后的串指令		–	–	–	–	–	–	–	–	–	2	1
	REPE/REPZ string primitive	当(CX) = 0,或(ZF) = 0,退出重复;否则(CX)←(CX) - 1,执行其后的串指令		–	–	–	–	–	–	–	–	–	2	1
	REPNE/REPNZ string primitive	当(CX) = 0,或(ZF) = 1,退出重复;否则(CX)←(CX) - 1,执行其后的串指令		–	–	–	–	–	–	–	–	–	2	1

五、转移类指令

附表 4-5　转移类指令表

指令类型	指令格式	指令功能	操作数 dst, src	标志位 O	D	I	T	S	Z	A	P	C	时钟周期数	字节数
无条件转移	JMP shot opr	无条件转移		–	–	–	–	–	–	–	–	–	15	2
	JMP near ptr opr			–	–	–	–	–	–	–	–	–	15	3
	JMP far ptr opr			–	–	–	–	–	–	–	–	–	15	5
	JMP word ptr opr		reg	–	–	–	–	–	–	–	–	–	11	2
			mem										18 + EA	2 ~ 4
	JMP dword ptr opr		mem	–	–	–	–	–	–	–	–	–	24 + EA	2 ~ 4
条件转移	JA/JNBE opr	CF ∨ ZF = 0 则转移		–	–	–	–	–	–	–	–	–	16/4	2
	JAE/JNB opr	CF = 0 或 ZF = 1 则转移		–	–	–	–	–	–	–	–	–	16/4	2
	JB/JNAE opr	CF = 1 且 ZF = 0 则转移		–	–	–	–	–	–	–	–	–	16/4	2
	JBE/JNA opr	CF ∨ ZF = 1 则转移		–	–	–	–	–	–	–	–	–	16/4	2
	JG/JNLE opr	ZF = 0 且 OF ∨ SF = 0 则转移		–	–	–	–	–	–	–	–	–	16/4	2

附录四 8086/8088 指令表

续表

指令类型	指令格式	指令功能	操作数 dst, src	标志位 O	D	I	T	S	Z	A	P	C	时钟周期数	字节数
条件转移	JGE/JNL opr	ZF = 1 或 OF $\vee$ SF = 0 则转移		–	–	–	–	–	–	–	–	–	16/4	2
	JL/JNGE opr	ZF = 0 且 SF $\oplus$ OF = 1 则转移		–	–	–	–	–	–	–	–	–	16/4	2
	JLE/JNG opr	ZF = 1 或 SF $\oplus$ OF = 1 则转移		–	–	–	–	–	–	–	–	–	16/4	2
	JC opr	CF = 1 则转移		–	–	–	–	–	–	–	–	–	16/4	2
	JNC opr	CF = 0 则转移		–	–	–	–	–	–	–	–	–	16/4	2
	JE/JZ opr	ZF = 1 则转移		–	–	–	–	–	–	–	–	–	16/4	2
	JNE/JNZ opr	ZF = 0 则转移		–	–	–	–	–	–	–	–	–	16/4	2
	JO opr	OF = 1 则转移		–	–	–	–	–	–	–	–	–	16/4	2
	JNO opr	OF = 0 则转移		–	–	–	–	–	–	–	–	–	16/4	2
	JP/JPE opr	PF = 1 则转移		–	–	–	–	–	–	–	–	–	16/4	2
	JNP/JPO opr	PF = 0 则转移		–	–	–	–	–	–	–	–	–	16/4	2
	JS opr	SF = 1 则转移		–	–	–	–	–	–	–	–	–	16/4	2
	JNS opr	SF = 0 则转移		–	–	–	–	–	–	–	–	–	16/4	2
	JCXZ opr	CF = 0 则转移		–	–	–	–	–	–	–	–	–	18/6	2
循环控制	LOOP opr	(CX) $\neq$ 0 则循环		–	–	–	–	–	–	–	–	–	17/5	2
	LOOPE/LOOPZ opr	ZF = 1 且(CX) $\neq$ 0 则循环		–	–	–	–	–	–	–	–	–	18/6	2
	LOOPNE/LOOPNZ opr	ZF = 0 且(CX) $\neq$ 0 则循环		–	–	–	–	–	–	–	–	–	19/5	2
过程调用及返回	CALL dst	段内直接:(SP) $\leftarrow$ (SP) − 2 ((SP) + 1, (SP)) $\leftarrow$ (IP) (IP) $\leftarrow$ (IP) + disp16		–	–	–	–	–	–	–	–	–	19	3
		段内间接:(SP) $\leftarrow$ (SP) − 2 ((SP) + 1, (SP)) $\leftarrow$ (IP) (IP) $\leftarrow$ EA	reg mem										16 21 + EA	2 2 ~ 4
		段间直接:(SP) $\leftarrow$ (SP) − 2 ((SP) + 1, (SP)) $\leftarrow$ (CS) (SP) $\leftarrow$ (SP) − 2 ((SP) + 1, (SP)) $\leftarrow$ (IP)											28	5

续表

指令类型	指令格式	指令功能	操作数 dst, src	标志位 O	D	I	T	S	Z	A	P	C	时钟周期数	字节数
过程调用及返回		(IP)←转向偏移地址 (CS)←转向段地址												
		段间间接:(SP)←(SP) -2 ((SP) +1,(SP))←(CS) (SP)←(SP) ~2 ((SP) +1,(SP))←(IP) (IP)←(EA) (CS)←(EA) +2	mem										37 + EA	2 ~4
	RET	段内返回: (IP)←((SP) +1,(SP)) (SP)←(SP) +2		–	–	–	–	–	–	–	–	–	16	1
		段间返回: (IP)←((SP) +1,(SP)) (SP)←(SP) +2 (CS)←((SP) +1,(SP)) (SP)←(SP) +2											24	1
	REP exp	段内返回: (IP)←((SP) +1,(SP)) (SP)←(SP) +2 (SP)←(SP) + D16		–	–	–	–	–	–	–	–	–	20	3
		段间返回: (IP)←((SP) +1,(SP)) (SP)←(SP) +2 (CS)←((SP) +1,(SP)) (SP)←(SP) +2 (SP)←(SP) + D16											23	3

续表

指令类型	指令格式	指令功能	操作数 dst, src	标志位 O	D	I	T	S	Z	A	P	C	时钟周期数	字节数
中断及返回	INT data(type) INT (type 为 3 时)	(SP)←(SP) −2 ((SP) +1,(SP))←(PSW) (SP)←(SP) −2 ((SP) +1,(SP))←(CS) (SP)←(SP) −2 ((SP) +1,(SP))←(IP) (IP)←(type ∗ 4) (CS)←(type ∗ 4 +2)	type≠3 type =3	−	−	0	0	−	−	−	−	−	52 51	3 2
	INTO	若 OF =1,则: (SP)←(SP) −2 ((SP) +1,(SP))←(PSW) (SP)←(SP) −2 ((SP) +1,(SP))←(CS) (SP)←(SP) −2 ((SP) +1,(SP))←(IP) (IP)←(10H) (CS)←(12H)		−	−	0	0	−	−	−	−	−	53(OF =1) 4(OF =0)	1
	IRET	(IP)←((SP) +1,(SP)) (SP)←(SP) +2 (CS)←((SP) +1,(SP)) (SP)←(SP) +2 (PSW)←((SP) +1,(SP)) (SP)←(SP) +2		r	r	r	r	r	r	r	r	r	24	1

六、处理机控制指令

附表 4-6　处理机控制指令表

指令类型	指令格式	指令功能	操作数 dst, src	标志位 O	D	I	T	S	Z	A	P	C	时钟周期数	字节数
对标志位操作	CLC	进位位置 0		–	–	–	–	–	–	–	–	0	2	1
	STC	进位位置 1		–	–	–	–	–	–	–	–	1	2	1
	CMC	进位位求反		–	–	–	–	–	–	–	–	·	2	1
	CLD	方向标志置 0		–	0	–	–	–	–	–	–	–	2	1
	STD	方向标志置 1		–	1	–	–	–	–	–	–	–	2	1
	CLI	中断标志置 0		–	–	0	–	–	–	–	–	–	2	1
	STI	中断标志置 1		–	–	1	–	–	–	–	–	–	2	1
其他控制	NOP	无操作		–	–	–	–	–	–	–	–	–	3	1
	HLT	停机		–	–	–	–	–	–	–	–	–	2	1
	WAIT	等待		–	–	–	–	–	–	–	–	–	3 或更多	1
	ESC　mem	换码	mem	–	–	–	–	–	–	–	–	–	8 + EA	2 ~ 4
	LOCK	封锁总线		–	–	–	–	–	–	–	–	–	2	2
	segreg	段前缀		–	–	–	–	–	–	–	–	–	2	

注：标志位符号说明：

0——置 0；

1——置 1；

· ——根据结果设定；

– ——不影响；

* ——无定义；

r——恢复原先保存的值。

附录五　MCS-51 指令表

MCS-51 指令系统常用符号及含义：

addr11	11 位地址
addr16	16 位地址
bit	内部 RAM 或专用寄存器中的直接寻址位
rel	补码形式的 8 位地址偏移量
direct	直接地址单元（RAM，SFR）
#data	立即数
Rn	当前寄存器区的 8 个通用工作寄存器 R0 ~ R7（n = 0 ~ 7）
Ri	当前寄存器区中可作间址寄存器的 2 个通用工作寄存器 R0、R1（i = 0、1）
A	累加器
B	专用寄存器，用于 MUL 和 DIV 指令中
C	进位标志或进位位，或布尔处理机中的累加器
@	间接寻址方式中表示间接寄存器的符号
/	位操作数的前缀，表示对该位操作数先取反再参与操作，但不影响该操作数
(X)	X 中的内容
((X))	由 X 寻址的单元中的内容
←	箭头左边的内容被箭头右边的内容所代替
∧	逻辑“与”
∨	逻辑“或”
⊕	逻辑“异或”

一、数据传送类指令

附表 5-1　数据传送类指令表

十六进制代码	指令助记符	功能说明	字节数	执行周期数
E8 ~ EF	MOV　A，Rn	(A)←(Rn)	1	1
E5	MOV　A，direct	(A)←(direct)	2	1
E6，E7	MOV　A，@Ri	(A)←((Ri))	1	1
74	MOV　A，#data	(A)←data	2	1
F8 ~ FF	MOV　Rn，A	(Rn)←(A)	1	1

续表

十六进制代码	指令助记符	功能说明	字节数	执行周期数
A8 ~ AF	MOV Rn, direct	(Rn)←(direct)	2	2
78 ~ 7F	MOV Rn, #data	(Rn)←data	2	1
F5	MOV direct, A	(direct)←(A)	2	1
88 ~ 8F	MOV direct, Rn	(direct)←(Rn)	2	2
85	MOV direct1, direct2	(direct1)←(direct2)	3	2
86, 87	MOV direct, @ Ri	(direct)←((Ri))	2	2
75	MOV direct, #data	(direct)←data	3	2
F6, F7	MOV @ Ri, A	((Ri))←(A)	1	1
A6, A7	MOV @ Ri, direct	((Ri))←(direct)	2	2
76, 77	MOV @ Ri, #data	((Ri))←data	2	1
90	MOV DPTR, #data16	(DPTR)←data16	3	2
93	MOVC A, @ A + DPTR	(A)←((A) + (DPTR))	1	2
83	MOVC A, @ A + PC	(A)←((A) + (PC))	1	2
E2, E3	MOVX A, @ Ri	(A)←((P2) + (Ri))	1	2
E0	MOVX A, @ DPTR	(A)←((DPTR))	1	2
F2, F3	MOVX @ Ri, A	((P2) + (Ri))←(A)	1	2
F0	MOVX @ DPTR, A	((DPTR))←(A)	1	2
C0	PUSH direct	(SP)←(SP) + 1, ((SP))←(direct)	2	2
D0	POP direct	(direct)←((SP)), (SP)←(SP) - 1	2	2
C8 ~ CF	XCH A, Rn	(A)↔(Rn)	1	1
C5	XCH A, direct	(A)↔(direct)	2	1
C6, C7	XCH A, @ Ri	(A)↔((Ri))	1	1
D6, D7	XCHD A, @ Ri	$(A)_{3\sim0}$↔$((Ri))_{3\sim0}$	1	1

二、算术运算类指令

附表 5-2 算术运算类指令表

十六进制代码	指令助记符	功能说明	字节数	执行周期数
28 ~ 2F	ADD A, Rn	(A)←(A) + (Rn)	1	1
25	ADD A, direct	(A)←(A) + (direct)	2	1
26, 27	ADD A, @ Ri	(A)←(A) + ((Ri))	1	1

续表

十六进制代码	指令助记符	功能说明	字节数	执行周期数
24	ADD　A,#data	(A)←(A)+data	2	1
38～3F	ADDC　A,Rn	(A)←(A)+(Rn)+CY	1	1
35	ADDC　A,direct	(A)←(A)+(direct)+CY	2	1
36,37	ADDC　A,@Ri	(A)←(A)+((Ri))+CY	1	1
34	ADDC　A,#data	(A)←(A)+data+CY	2	1
98～9F	SUBB　A,Rn	(A)←(A)-(Rn)-CY	1	1
95	SUBB　A,direct	(A)←(A)-(direct)-CY	2	1
96,97	SUBB　A,@Ri	(A)←(A)-((Ri))-CY	1	1
94	SUBB　A,#data	(A)←(A)-data-CY	2	1
04	INC　A	(A)←(A)+1	1	1
08～0F	INC　Rn	(Rn)←(Rn)+1	1	1
05	INC　direct	(direct)←(direct)+1	2	1
06,07	INC　@Ri	((Ri))←((Ri))+1	1	1
A3	INC　DPTR	(DPTR)←(DPTR)+1	1	2
14	DEC　A	(A)←(A)-1	1	1
18～1F	DEC　Rn	(Rn)←(Rn)-1	1	1
15	DEC　direct	(direct)←(direct)-1	2	1
16,17	DEC　@Ri	((Ri))←((Ri))-1	1	1
A4	MUL　AB	(B)(A)←(A)×(B)	1	4
84	DIV　AB	A(商)B(余数)←(A)/(B)	1	4
D4	DA　A	对A进行十进制调整指令	1	1

三、逻辑操作类指令

附表 5-3　逻辑操作类指令表

十六进制代码	指令助记符	功能说明	字节数	执行周期数
58～5F	ANL　A,Rn	(A)←(A)∧(Rn)	1	1
55	ANL　A,direct	(A)←(A)∧(direct)	2	1
56,57	ANL　A,@Ri	(A)←(A)∧((Ri))	1	1
54	ANL　A,#data	(A)←(A)∧data	2	1
52	ANL　direct,A	(direct)←(direct)∧(A)	2	1

续表

十六进制代码	指令助记符	功能说明	字节数	执行周期数
53	ANL direct,#data	(direct←(direct) ∧ data	3	2
48 ~ 4F	ORL A,Rn	(A)←(A) ∨ (Rn)	1	1
45	ORL A,direct	(A)←(A) ∨ (direct)	2	1
46,47	ORL A,@Ri	(A)←(A) ∨ ((Ri))	1	1
44	ORL A,#data	(A)←(A) ∨ data	2	1
42	ORL direct,A	(direct)←(direct) ∨ (A)	2	1
43	ORL direct,#data	(direct)←(direct) ∨ data	3	2
68 ~ 6F	XRL A,Rn	(A)←(A)⊕(Rn)	1	1
65	XRL A,direct	(A)←(A)⊕(direct)	2	1
66,67	XRL A,@Ri	(A)←(A)⊕((Ri))	1	1
64	XRL A,#data	(A)←(A)⊕ data	2	1
62	XRL direct,A	(direct)←(direct)⊕(A)	2	1
63	XRL direct,#data	(direct)←(direct)⊕ data	3	2
E4	CLR A	(A)←0	1	1
F4	CPL A	(A)←$\overline{(A)}$	1	1
23	RL A	累加器 A 循环左移 1 位	1	1
33	RLC A	累加器 A 带进位循环左移 1 位	1	1
03	RR A	累加器 A 循环右移 1 位	1	1
13	RRC A	累加器 A 带进位循环右移 1 位	1	1
C4	SWAP A	对累加器 A 进行半字节交换	1	1

四、控制转移类指令

附表 5-4 控制转移类指令表

十六进制代码	指令助记符	功能说明	字节数	执行周期数
*1	ACALL addr11	PC←(PC) +2,SP←(SP) +1 ((SP))←(PC)L,SP←(SP) +1 ((SP))←(PC)H,PC10 ~ PC0←addr11	2	2
12	LCALL addr16	PC←(PC) +3,SP←(SP) +1 ((SP))←(PC)L,SP←(SP) +1 ((SP))←(PC)H,PC←addr16	3	2

续表

十六进制代码	指令助记符	功能说明	字节数	执行周期数
22	RET	(PC)H←((SP)),SP←(SP) - 1 (PC)L←((SP)),SP←(SP) - 1 子程序返回	1	2
32	RETI	(PC)H←((SP)),SP←(SP) - 1 (PC)L←((SP)),SP←(SP) - 1 中断返回	1	2
*1	AJMP addr11	(PC)←(PC) + 2 PC10 ~ PC0←addr11 PC15 ~ PC11 不变	2	2
02	LJMP addr16	(PC)←addr16	3	2
80	SJMP rel	(PC)←(PC) + 2 (PC)←(PC) + rel	2	2
73	JMP @A + DPTR	(PC)←(A) + (DPTR)	1	2
60	JZ rel	(PC)←(PC) + 2 若(A) = 0,则(PC)←(PC) + rel	2	2
70	JNZ rel	(PC)←(PC) + 2 若(A) ≠0,则(PC)←(PC) + rel	2	2
E5	CJNE A,direct,rel	(PC)←(PC) + 3 若(A) ≠(direct),则(PC)←(PC) + rel	3	2
B4	CJNE A,#data,rel	(PC)←(PC) + 3 若(A) ≠data,则(PC)←(PC) + rel	3	2
B8 ~ BF	CJNE Rn,#data,rel	(PC)←(PC) + 3 若(Rn) ≠data,则(PC)←(PC) + rel	3	2
B6,B7	CJNE @Ri,#data,rel	(PC)←(PC) + 3 若((Ri)) ≠data,则(PC)←(PC) + rel	3	2
D8 ~ DF	DJNZ Rn,rel	(PC)←(PC) + 2,(Rn)←(Rn) - 1 若(Rn) ≠0,则(PC)←(PC) + rel	2	2
D5	DJNZ direct,rel	(PC)←(PC) + 3,(direct)←(direct) - 1 若(direct) ≠0,则(PC)←(PC) + rel	3	2
00	NOP	空操作	1	1

五、位操作类指令

附表 5-5　位操作类指令表

十六进制代码	指令助记符	功能说明	字节数	执行周期数
C3	CLR　C	CY←0	1	1
C2	CLR　bit	(bit)←0	2	1
D3	SETB　C	CY←1	1	1
D2	SETB　bit	(bit)←1	2	1
B3	CPL　C	$CY\leftarrow\overline{CY}$	1	1
B2	CPL　bit	$(bit)\leftarrow\overline{(bit)}$	2	1
82	ANL　C,bit	$(CY)\leftarrow(CY)\wedge bit$	2	2
B0	ANL　C,/bit	$(CY)\leftarrow(CY)\wedge\overline{(bit)}$	2	2
72	ORL　C,bit	$(CY)\leftarrow(CY)\vee bit$	2	2
A0	ORL　C,/bit	$(CY)\leftarrow(CY)\vee\overline{(bit)}$	2	2
A2	MOV　C,bit	(CY)←(bit)	2	1
92	MOV　bit,C	(bit)←(CY)	2	1
40	JC　rel	(PC)←(PC)+2 若(CY)=1,则(PC)←(PC)+rel	2	2
50	JNC　rel	(PC)←(PC)+2 若(CY)=0,则(PC)←(PC)+rel	2	2
20	JB　bit,rel	(PC)←(PC)+3 若(bit)=1,则(PC)←(PC)+rel	3	2
30	JNB　bit,rel	(PC)←(PC)+3 若(bit)=0,则(PC)←(PC)+rel	3	2
10	JBC　bit,rel	(PC)←(PC)+3,若(bit)=1, 则(PC)←(PC)+rel,(bit)←0	3	2

参考文献

1. 郑学坚,周斌. 微型计算机原理及应用(第三版). 北京：清华大学出版社,2001.

2. 郑学坚,周斌. 马力妮. 微型计算机原理及应用实验指导. 北京：清华大学出版社,2001.

3. 沈美明,温冬婵. IBM-PC 汇编语言程序设计. 北京：清华大学出版社,1991.

4. 王永山,杨宏五,杨婵娟. 微型计算机原理与应用. 西安：西安电子科技大学出版社,1991.

5. 邹丽新,翁桂荣. 单片微型计算机原理. 苏州：苏州大学出版社,2001.

6. 翁桂荣,邹丽新. 单片微型计算机接口技术. 苏州：苏州大学出版社,2002.

7. 李华 . MCS-51 系列单片机实用接口技术 . 北京：北京航空航天出版社,1999.

8. 李朝清 . 单片机原理及接口技术 . 北京：北京航空航天出版社,1999.

9. 郁慧娣 . 微机系统及其接口技术 . 南京：东南大学出版社,1998.

10. 蔡美琴,张为民,等 . MCS-51 系列单片机系统及其应用 . 北京：高等教育出版社,1996.

11. 孙函芳,徐爱卿 . MCS-51 96 系列单片机的原理与应用 . 北京：北京航空航天出版社,1996.

12. 窦振中 . 单片机外围器件实用手册存储器分册 . 北京：北京航空航天大学出版社,1998.

13. 余永权 . 89 系列(MCS-51 兼容)Flash 单片机原理及应用 . 北京：电子工业出版社,1997.

14. 宋建国 . AVR 单片机原理及应用 . 北京：北京航空航天大学出版社,1998.

15. 王勇,佟锦林,徐爱卿 . 嵌入式单片机 8XC251 用户指南 . 北京：北京航空航天大学出版社,1997.

16. 何立民 . 单片机应用技术选编(1) ~ (8). 北京：北京航空航天大学出版 . 1994 ~ 2000.

17. 林建东. 单片机实验开发系统实验指导书. 北京：北京启东微晶科技发展中心,2002.

18. 戴胜华,蒋大明,等. 单片机原理与应用. 北京：清华大学出版社、北京交通大学出版社,2005.